JN096120

フードシステムと日本農業

新山陽子

〔改訂版〕フードシステムと日本農業（'22）

装丁・ブックデザイン：畑中　猛

s-79

まえがき

私たちは，産地から消費地につながるフードシステム（Food system）を通して，日々の食物を得ている。人間は食べ物がなければ生きられないので，フードシステムは命と健康を支える社会基盤であるといえる。日々の生活の営みに深くかかわるので，そこには文化をも内包している。また，フードシステムは国際的な広がりをもつものから，地域内のものまで，多層なものが，それぞれの国や地域において交接している。そのシステムを形成しているのは，産業であり，事業者であり，消費者（生活者）である。また，政策や制度の形成を通して，国や自治体が関与している。

この教材は，どのような産業，事業者が，どのように，フードシステムを担っているのか，行政がどのように関与しているのか，消費者はどのような行動をとっているのか，という観点にたって，私たちが互いに，フードシステムの状態と課題を理解し，望ましいあり方を議論するための材料を提供することを目指して作成した。できるだけ，データにもとづいて分析的に状態をとらえることができるようにした。また，論理的に議論できるようにするために，対象を論理的にとらえるための分析枠組み，対象を認識するための概念を示すことに努めた。わかりやすく説明することに努めたが，まだ改善の余地も多く，今後の課題としたい。

食物の源を生み出しているのが，農林水産業である。フードシステムは，農林水産業を起点にして，主には，農林水産物卸売業，食品製造業，食品卸売業，食品小売業，外食産業，消費者（生活者）から構成されている。食品は命の糧であるが，フードシステムのなかでは市場において商品として取引されている。この教材では，この両面をもつ食品について，農林水産業から消費者に届くまでの品質の形成と取引（商品の提供とその価値に対する対価の支払い）をめぐる経済的な関係，産業の特質を分析することを重視している。そこに，命と健康を支える食品の機能面の価値の状態と，それを取り扱う事業者の経済的な行動との関係が，凝縮してあらわれるからである。

この経済行動のなかには，事業者やそこで働く人々が生活を成り立たせることができなくてはならず，事業を持続することができなくてはならないという，正当な行為がある。その一方，過度な営利の追求に至り，他の事業者の存続を圧迫することも起こりうる。公正で適正な競争をどのように認識するかは，重要なことである。事業者の倫理的な判断も問われる。さらに，食品の購買や食事をめぐる消費者の行動も，フードシステムの状態に大きな影響を与えるようになっている。他方，食品安全のように，すべての食品，すべての人々に公平に確保されなければならないため，市場経済に委ねず，特定の手続きにより社会的な合意のもとで調整される課題もある。

またこれからは，食料消費の多くを占める都市を中心とした地域圏において，そのフードシステムのあり方を自治体や関係者自らが論じ，改善していくことが必要な時代になっている。

この教材では，これらの側面を各章で取り上げている。そして，全体として，関係する事業者が互いに共存でき，人々の生活の質が豊かになるようなフードシステムのあり方について，議論できるように望んでいる。多くの皆さんの議論の材料になれば幸いである。

2021年11月

執筆者を代表して　新山陽子

目次

1　フードシステムをどのようにとらえるか

―フードシステムの構造と存続，関係者の共存―

新山陽子

1．はじめに

農産物や水産物が多様な食品となって消費者に届くまでには，農産物の生産，水産物の漁獲，それらの加工，流通，飲食提供など，何段階もの過程を経ており，そのそれぞれが１つの産業となっている。

作物を栽培する農業，家畜を飼育する畜産業（以下，区別が必要な場合を除き，農業，農場とまとめる），魚介を養殖・漁獲する漁業がすべての食料を生み出す起点であり，この産業がなければ私たちは食料を得られない。一方，私たちは，農場から出荷，流通され，小売店で販売されている野菜や乳や卵だけでなく，さまざまな加工された食品を購入しており，食品製造業なしに食生活は成り立たない。また，お店で料理して提供されるものを食べ（外食），販売されている総菜を利用しており，飲食業の産業規模は巨大になっている。

このような異なる種類の産業が多段階に連鎖し，商品の生産と供給を行っているのは，食料品に特有の産業組織である。

今から40年ほど前には，まだ，加工食品や外食の割合はそれほど大きくなく，農場から消費者の手に届くまでの過程は食料の流通過程[1]としてとらえられてきた。しかし，1980年代半ば頃から，食品製造業や外食産業が急成長し，食料供給過程は単なる流通過程としてはとらえきれな

1）多くの農家，産地で生産された農産物が，さまざまな多数の食品製造業者，外食業者，小売店に供給されるには，途中でいったん荷を集め（集荷），それらを需要量に応じて分ける（分荷）中継点が必要であり，卸売市場や流通業者がその機能をはたす。

くなり，連鎖した産業組織としてとらえることが必要になり，1990年代に入ってそれを表す「フードシステム」という概念が使われるようになった。

フードシステムは，40～50年前まではまだ数県にまたがる程度の地域的広がりであったが，大量生産・広域流通の拡大によって全国的な広がりが増し，さらには原料や製品を海外から輸入したり，輸出する，国際的な広がりになった。現在はそれらが重層的に重なったり，連結した状態にある。近所のパン屋さんの焼くパンも，原料の小麦は海外産のものであることが多い。和食の醤油や味噌の原料の多くも海外産であるが，国内であるいは地元で生産しようという努力もみられる。牛・豚・鶏肉は海外産が増えたが，九州や東北の主産地で生産され広域供給されるもの，県内で生産され県内で消費されるものもある。一方，卵や牛乳，米はほとんどが国内産であり，地元産であることも多い。

食料品は，どこで生産されたものであれ，人の口に入り，体に吸収され，生命と健康の源となるものである。食料品は他の商品と同様に，市場で売買される財であるが，このような特有の性質をもつため，生命と健康を維持するに足る十分な量が供給されているか，安全で良質なものが供給されているかが問われる。食料品の量と質が生命と健康を左右するからである。また，どのような食べ物をどのように食べるかは，日常的で地味な生活行為であるが，国や民族の文化を形づくっている。それは，人々のアイデンティティにもかかわることがある。

フードシステムを構成する経済主体は，経済事業としてその商品を扱うが，それは生命と健康に影響を与え，またそれがいかようなものであっても，意図していてもいなくても，文化の変容に強くかかわっているのである。フードシステムが多段階で複雑になったため，個々の事業者にとっては，消費者が口にする最終的な食品の状態への関与が間接的であったり部分的であったりするので，直接の責任が認識されにくい。それだけに，全体を視野に入れた強い自覚が必要だといえる。また，過度な競争をしなくても，誠実な事業経営が行われていれば事業が経済的に成り立つようなフードシステムの状態でなければ，事業は存続しない。ひいては生命と健康を支える食料品の供給が続かない。事業者の互いの努力，それを超えることについては国家の政策の努力が必要である。消費者も，安い価格を追うなど，自己の短期的な利益だけを追求するのではなく，そのような全体への視野をもって，食品の選択や消費を行わなければ，フードシステムが存続しなくなり，それによって困るのは消費者自らであることを忘れてはならないであろう。経済格差の広がりのなかで困窮をかかえる生活者には，生活を支える社会政策が必須である。

以上のような視点から，この生産者から消費者にわたり連鎖する多様な産業組織をトータルに把握し，そこにどのような問題が生まれており，解決すべき課題があるのか，どのようなフードシステムであることが望ましいかを，すべての関係者が論じることが必要となっている。

2. フードシステムの定義と構成

まず，フードシステムをどのようにとらえればよいか。

食用農水産物が生産され，消費者に渡るまでの食料・食品（以下食料品とする）の流れをフードシステムとしてとらえることが最初に提起された（高橋 1991など）。この流れは川にたとえられ，川上の農林水産業から始まり，川中の農水産物卸売業，食料品製造業，食料品卸売業から，川下の食料品小売業，外食産業を経て，最終消費者（海あるいは湖に当たるともされる）までの領域とされた。

図1-1　フードシステムの循環（農産物食品の供給と対価の支払い）

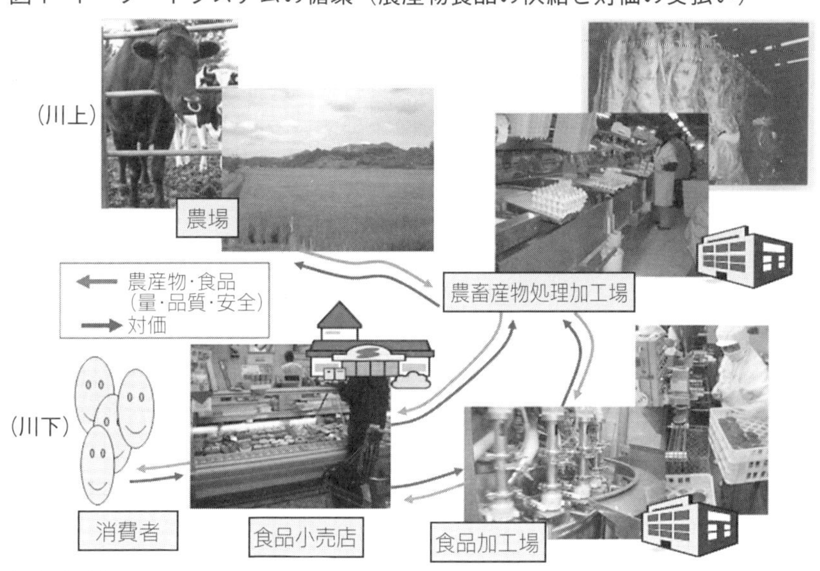

出所：筆者作成。

今日では，情報の流れやリサイクルを考慮に入れて，川上から川下へ一方向的なものではなく，循環的なものととらえることが必要になっている。また，川上から川下へは，生産物の取引によってつながっているので，売り手と買い手の間で交渉がなされ，川下側への生産物の引き渡しに対して川上側へ対価の支払いがなされる。フードシステムの全体を通して，生産物の提供と対価の支払いがバランスをとり，その循環が繰り返せないと食品供給の永続性はない（図1-1）。このように考えたときには，フードシステムとは，「食料品の生産・供給，消費の流れに沿った，それらをめぐる諸要素と諸産業の相互依存的な関係の連鎖」（新山 1994）としてとらえることが適当であろう[2]。この流れのうち食料品が消費者に届くまでの部分は，サプライチェーンやプロダクション

2）Marion and NC117 Committee（1986）は，品目別のフードシステムを，農産物の価格設定を内部に含む，「生産，加工，流通に含まれる組織，資源，法律，制度の相互依存的な縦の列」と定義している（黒木 1996）。

チェーンともよばれる。

フードシステムの構成主体は，食用農林水産物を生産する「農林水産業者」，食用農林水産物の「調整・処理[3]業者」，加工を行う「食品製造業者」，食料品の流通を担う「農水産物卸売業」・「食料品卸売業」・「食料品小売業者」，食事提供を行う「外食業者」，また調理済み食品を提供する「中食（なかしょく）業者」，そして「消費者」からなる。また，情報の流れやリサイクルを考慮に入れると，食料品を直接扱わないが，容器や包装材料の供給業者，運送業者，食料品やその周辺材料の処理業者，食料品に関連する情報を扱う情報業者を含めることも必要である。

このうち，川中と川下の産業はまとめて食品産業とよばれ，以下のように産業分類される（「日本標準産業分類」による）。

① 食品工業：食料品製造業，飲料・飼料・たばこ製造業（食用農林水産物の調整・処理業者の多くも食料品製造業に含まれる）

② 食品流通業：農畜産物・水産物卸売業，食料・飲料卸売業，飲食料品小売業

③ 飲食店（外食産業）：食堂・レストラン，そば・うどん店，すし店，喫茶店その他一般飲食店（平成19年の産業分類の改訂により，「持ち帰り・配達飲食サービス」は外食に含まれるようになった）

また，①の飼料製造業の他，種子・種苗や農業機械などを農業に供給する産業は，農林水産業より川上にあり，農業資材産業とよばれる。これら資材産業，農林水産業，食品産業などを１つのまとまりとしてとら

3）「調整・処理」とは，米や麦など穀類の精穀，肉畜のと畜・解体，部分肉製造，精肉製造，食鳥のと鳥，中ぬき，解体，鶏卵の洗卵，生乳の加熱殺菌など，消費に供するために必要な処理を指す。食料品供給上，不可欠で重要な位置にある。産業分類上はと畜場をのぞき製造業に含まれる。図１-２の計算においても，加工食品のなかで加工度の低い生鮮品として区別されている。本書では，「加工」は，小麦粉から菓子，豚肉からハムを製造するなどのように，加熱，調合，調味により，使用価値レベルで食料品の質を異質のものに転換することに限定する。もちろん加工品にも，生もの，乾物があり，その製品特性は大きく異なる。

図1－2　飲食費のフロー（農林漁業・食品製造業・外食産業の帰属額と流通業の流通経費）

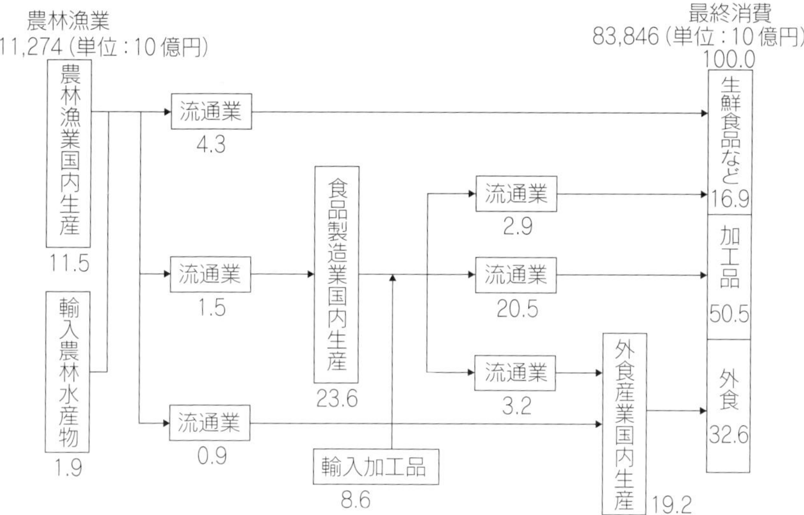

注1）旅館・ホテル，病院などの食事は「外食」に計上されていない。使用された食材を最終消費額として，「生鮮食品など」「加工品」に計上。学校給食は食品製造業に含まれている。葉たばこ（農業），たばこ（食品製造業）が含まれている。食品製造業に飼料は含まれていない。国内で消費されない加工食品は，さかのぼって農林水産物，加工食品，流通経費が集計から除外されている。精穀（精米・精麦），食肉，冷凍魚介は，最終消費において「生鮮食品など」として取り扱われている。

注2）帰属額は，付加価値額［生産額－中間投入額］より広く，生産額から前段階の食材生産額に流通経費を加えた額を差し引いたものであり，人件費，水道光熱費，包装費など，農林水産業では肥料代や農薬代が含まれる。流通業は，流通経費（商業マージン，運賃）である。

出所：『平成27年（2015年）農林漁業及び関連産業を中心とした産業連関表（飲食費のフローを含む）』農林水産省大臣官房統計部，令和2年2月にもとづき，筆者作成。食品製造業内の2次加工品向け食品の流通（経費比率1.9）は図では省略している。推計は，総務省など「平成27年産業連関表」をもとに農林水産省により行われたものである。

えて，農業関連産業（アグリビジネス）とよぶことがある。

ここで，これらフードシステムを構成する産業活動の大きさをみてみよう。図1-2の飲食費フローは，産業連関表をもとに計算される。最終消費者の消費支出を100としたとき，食品製造業の帰属額は2015年に

図１－３　最終消費を100としたときの各産業の帰属額の変化

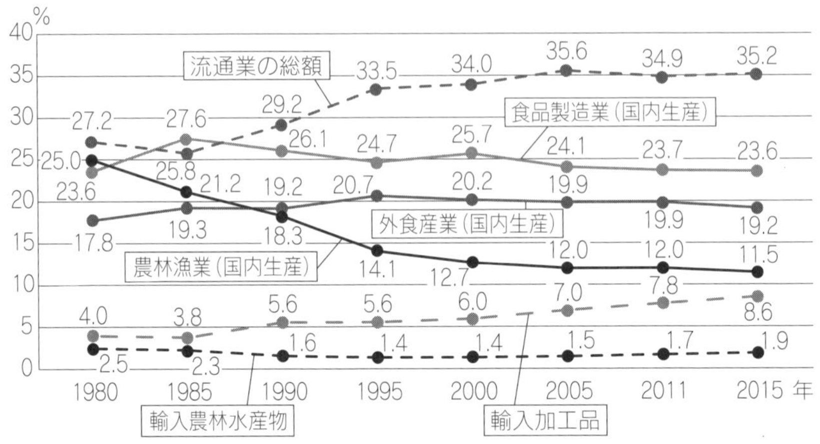

出所：図１－２出所記載の農林水産省資料の表６をもとに，筆者作成。

は23.6，外食産業は19.2，流通業（卸売・小売）の経費は35.2であり（図では，出所に記載のように1.9を省略している），これら食品産業の比率の合計は78にのぼる。ただし，食品製造業，外食産業はそれぞれ2000年の25.7，20.2から低下し，1980年頃の水準に戻っている。対して，流通業の経費は1980年の27.2から増加を続け2015年には35.2となり，輸入加工品への帰属額も増えている（図１－３）。一方，国内の農林漁業の供給額は，80年の25.0から，2015年には11.5へと大幅に低下した。しかし，先に述べたように，この農水産業が生み出すものこそが，すべての食料の源泉であることに注意を向ける必要がある。

さらに，フードシステムにおいて重視すべきは消費者の位置である。かつては，フードチェーンを通して提供される食料を「消費する」受け身の存在であったが，現在はその行動がフードシステムに大きな影響を与えるようになった。消費者もフードシステムにおける主体として位置づけねばならない。食品の選択行動を通して，品質や価格の判断が，食品の製造・供給プロセスに影響を与えるうえに，食品の品質や供給のあり方に対する積極的な意見提示者でもある。食品廃棄は消費者の行動そのものも原因となっている。消費者の判断や行動がフードシステムのかかえる問題に深く関与していることが認識されるようになった。

3．フードシステムの構造：5つの副構造と基礎条件

フードシステムの状態は品目によって異なるので，品目別に分析することに意味がある。ここで説明する構造は，その分析を行うための一般的な枠組みである。品目別にみても複雑な構造をもつため，全体を一括して総合的に説明する理論をもつには至っていない。そこで，まずは，全体をいくつかの副構造に分割して，そのなかでどのような主体がどのような関係を結んでいるかをとらえるのが現実的であろう。生産～消費の間を垂直的関係，同じ段階の者同士を水平的関係と表現する。また，フードシステムやその構成者の状態に影響を与える要因をフードシステムの基礎条件としてとらえておくことが必要である。フードシステムの主要な副構造をまとめたものが図1‐4である（新山 1994，2001，以下これにもとづいて説明する。新山（2020）では改訂を試みたので関心のある方は参照されたい）。

（1）「連鎖構造（垂直的構造）」と「競争構造（水平的構造）」

フードシステムのなかでは，それを構成する各「産業」[4]の内部でさま

4）ここで「産業」をどうとらえるかを説明しておこう。産業とは，同一の製品を扱う企業の集団を指す。産業組織論では，同一製品すなわち密接な代替材を供給する集団とされる。「競争の状態」は，同一製品を扱う同種の企業の集団の相互関係である。例えば，牛肉と豚肉は消費者からみて密接には代替できないので，同一製品ではない。したがって，牛肉産業と豚肉産業は別の産業としてとらえ，企業間の競争の状態も別々にとらえる。
　連鎖の観点からみると，牛肉で例示すると，肉牛を飼育する「畜産業」（生産物は肉牛）があり，肉牛をと畜・解体する「と畜産業」（製品は枝肉），枝肉を加

図1-4　フードシステムの構造分析アプローチ：副構造と基礎条件

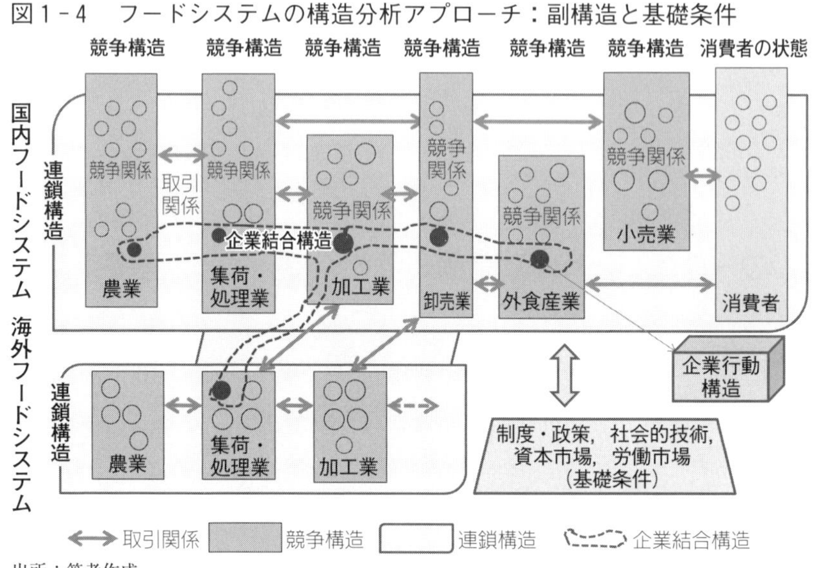

出所：筆者作成。

ざまな事業者が互いに競争・協調しながら（水平的関係），前後の産業との間で取引や共同の関係を結んでいる（垂直的関係）。

まず，フードシステムの全体を通してみると，川上から川下への流れに沿って多段階の産業が相互に連関して存在する構造がある（垂直的な連鎖構造）。各産業の事業者は，川上の産業の事業者から原料や製品を仕入れ，川下の産業の事業者に製品を販売する。それが何段階か連鎖している。この垂直的な流れの各段階で市場が形成され，売り手と買い手の間で，価格交渉がされ，取引が契約され，それにもとづいて食品が引き渡され，対価が払われる。また，規格が整えられ，品質が調整される。この価格の形成や品質の調整のなかに売り手と買い手の交渉力があらわれ，リスクが分担され，市場支配力が発揮されることがある。それらはフードシステムの成果に影響を与える。どのような産業の連鎖から

工する「部分肉製造業」（製品は部分肉），部分肉から精肉を製造し販売する「小売業」（製品は精肉）が連なってフードシステムを形づくっている。それぞれに市場が成立し，市場も連鎖している。モデル図を第10章図10 - 1に示した。

なる構造か，どのような関係のもとで市場が形成され，交渉や調整がされているかをとらえることが必要である。

連鎖の広がりは，国際的な場合から，国内全国的，極めて地域的な場合まであり，それが重なっている場合も多い。国際的には，途上国との南北問題や，さらには先進国同士の貿易問題をかかえるし，国内では，伝統産品と大量生産品，輸入品との競合問題も起こる。そのため調整が多岐にわたって必要となる。

一方，垂直的連鎖の各段階（産業）内部では，さまざまな事業者が競争関係をもって存在する（水平的な競争構造）。個々の事業者の行動が市場に影響を与えない場合を競争的状態といい，影響を与える場合を寡占状態という[5]。これは同じ産業の事業者間の水平的な関係であるが，それは垂直的な関係に影響を与える。寡占状態にある事業者が売り手あるいは買い手となったときの方が，取引相手に対する価格交渉力や品質要求などが強くなる。

競争構造は，プラントや企業の数，生産シェアの集中の状態，参入障壁の有無，製品差別化の状態によってとらえられ（ベイン 1981，植草 1982，Carlton and Perloff 1990），産業組織論分野の理論的蓄積が大きい。食品の場合，品目によって，そのなかの業種によって，企業の数，規模分布が大きく異なる。多数の零細企業で構成されるもの，少数の大企業のみで構成されるもの，その両方を含むものまで幅がある。詳細は第2章，第3章，第5章～第8章で扱う。有効な競争状態にあるかどうか（競争が制限されたり，過当な競争になっていないか）が，フードシステムの成果に影響を与える。

5）影響を与えない場合とは，個々の事業者の生産量が小さく，生産を増やしても市場全体の供給量は変わらず，価格も変化しないような場合である。事業者の数が少なくなると，一事業者の生産量の増加が全体の供給量を増やし，価格を変化させる。

(2)「企業構造・行動」と「企業結合構造」

それぞれの産業を構成する経済主体＝事業者（企業）は意思をもった主体であり，その行動がフードシステムの構造変化の最初の契機となることに着目することが必要である。同じ産業内でも，企業は同質ではない。それぞれに異なる内部構造（資本や人材などどのような要素を誰が所有しているか）や理念・目標をもち，外部環境条件のとらえ方も異なり，意思決定・経営管理の仕組みも異なる。それらを反映して判断が下され，行動がとられるからである。同質性が高い場合もあるが，競争状態が寡占的になるほど，特定の企業の構造・行動がフードシステム全体に大きな影響を与えるようになる。このような，産業の基礎単位である企業の状態を「企業構造・企業行動[6]」としてとらえることができる。

さらに，産業次元とは別に，個々の事業者次元で，産業内部でまた産業間をまたがって進められる企業結合の状態[7]（「企業結合構造」）も重要である。加工度の高い品目を中心に，企業の事業の多角化，多角的企業結合が進んでいる。国境を越えた統合を進めているのが超国籍企業である。このような企業結合の状態も競争状態に影響を与える。また，企業結合は企業行動の結果として生まれる構造である。副構造の内容には重なりあう部分がある。

(3)「消費者の状態」と「消費者の生活構造・行動」

フードシステムの最後の段階の消費者の状態を１つの副構造としてとらえることが必要である。消費者の行動も同質ではない。職業生活，ライフスタイルや経済状態にもとづく個人生活や食生活の構造，価値観，

6）企業行動には，事業部門構成戦略，製品政策，価格政策（とくに価格設定行動），販路政策，広告・宣伝など販売促進政策，研究・開発政策，成長政策，設備投資，共謀・協定，合併・買収・契約などがある（新山 1994，2001，ベイン 1981，植草 1982）。

7）結合の強さ（合併・買収，系列化，契約など），結合のタイプ（同じ産業＝水平的，前後の産業＝垂直的，異質の産業＝多角的）などでとらえられる。占部（1983）などによる。

食品や食環境情報への認知の違いなどにより，食品の選択・消費行動が異なり，その行動はフードシステムの状態に影響を与える。「消費」者ではなく，生活者ととらえるべきであろう。詳細は第9章で扱う。

(4)「フードシステムの基礎条件」

フードシステムの諸構造に外部から影響を与える基礎条件は以下のようである[8]。

a）商品特性（処理・加工の必要性，腐敗性，品質標準化の度合，荷姿の違いなど）

b）企業や消費者の意思決定・行動を基礎づける制度，慣習，ルール，文化

c）公共政策（法令，政策），政策を立案する中央政府や地方行政

d）社会的な技術条件（処理・加工・輸送・保管にかかわる社会的技術レベル）

e）社会的な市場条件（労働市場，土地市場，資本市場）

f）国際的な貿易ルール

影響は一方向だけではない。事業者の組織（専門職業組織）や消費者団体からの働きかけや，フードシステムの構成主体の行動が基礎条件に影響を与える。

(5)「フードシステムの目標，成果」

フードシステムの目標や社会的成果をどこにおくかは，人間の生命や健康，文化的価値観がかかわるので，理論化が難しい。しかし，冒頭にみたように，食料品は直接に生命と健康にかかわるものであるだけに社会的責任は大きい。

そこからまず，すべての人々に行き渡る，①十分な量の供給，②安全

8）Carlton and Perloff (1990)，藤谷 (1989)，吉田 (1978) をもとにした新山 (1994, 2001) による。

な食品の供給，③品質（健全さ，多様性）の確保が基本となる。さらに，④需要に適合した供給（量，質，時期，立地），⑤供給の安定性（量，価格，利潤），⑥生産・供給プロセスの信頼性（透明性，説明責任，検証）をあげることができる。

さらに，それを達成するためのフードシステムの基盤にかかわるものとして，①技術上・経営上の効率，②雇用の適正さ（安全，福祉を含む），③公平さ（各段階の費用・価格・利潤のバランス，透明性，非排他性），④公正さ（利益，権利，リスク，コントロール，非排他性），⑤制度の適合性，⑥コミュニケーションの適切さ（関係者，情報の正確さ・十分さ・公正さ，意見交換，合意の手順の実施），⑦能力，責任の向上，⑧事業行動の倫理性，⑨システムの適合性，安定性，信頼性，持続性，進歩性，強靱性をあげることができる。測定は容易でなく，質的，記述的な評価も重要であろう（以上，新山 2020による）。

4．フードシステムの未来へ：経済的持続性，関係者の共存と共同，地域圏フードシステムの確立

人々に食料をよりよく提供できるように，フードシステムの各構成主体が互いに良好な関係を醸成しながら，前節で述べた目標を実現すべく，持続的で望ましいフードシステムのあり方を探求し，将来世代に引き渡せるようにしていくことが社会的責任であろう。企業は事業を通して社会と結びついており，事業そのものを通して社会的責任をはたす存在である。

（1）経済的な持続性の確保

産業内の競争，産業段階間の取引交渉力には大きな格差が生まれてい

る。同一産業内では特色のある地域の小規模な経営が，産業間の垂直的な関係では農業が厳しい状態におかれている。フードシステムを持続させるには，農業や食品製造などを営む各段階の事業者が，再生産を行えることが必要である。製品を販売した収入を元手に，生産要素を調達し，従業員を雇用し，あるいは生業の場合は自らの家族を養うことができねばならない。販売価格（製品への対価）と生産原価（要素調達費用，労働費用）とのバランスがとれてこそ，生産が持続できる。

つまり，冒頭に述べたように，消費者から農場まで対価の支払いの流れと，食品の供給の流れの釣り合いがとれていなければ，そのフードシステムは持続しない（図１-１）。互いの経営を永続できる関係をつくることが，フードシステム全体を存続させることになる。

品質や安全は社会的話題になり，政策や制度によって，フードシステムの全体に渡って比較的調整されてきた。しかし，事業の経済的な存続や生計の維持に必要な労働報酬の確保という価値的な側面は，日本では社会的に話題になることがない。政策・制度上も，大手量販店と食品製造業者や農業生産者との間で，対価の大きさを決める価格交渉力のアンバランスを是正する積極的な措置は講じられていない（第４章，第10章，欧州の措置は第15章）。

経済活動における取引相手や社会の福利への考慮は，決して新しい考えではなく，近江商人の心得として，現代にまとめられた「三方よし」（売り手よし，買い手よし，世間よし）の言葉は典型例であり，歴史の長い企業ではこれを社是とするところは少なくない。

（２）構造問題への対応と緊急事態への対応：地域圏フードシステムの構築へ向けて

都市生活者の超高齢化，基幹的農業従事者数の高齢化による激減（第

3 章参照）は目の前に迫っており，フードシステム両端の構造は激変する。流通業の労働力不足はすでに始まっており，経済格差の拡大により十分に食べられない世帯の増加，製造，飲食，小売など地域に根づいた企業の後継者難，産業や消費活動の環境への影響など，じわじわと進行してきたことが深刻化している。さらには，大災害や感染症のパンデミックなど，日常のシステムが瞬時に遮断されるようなクライシスが頻発する社会にもなっている。

すべての人々に安全で多様で良質な十分な量の食料が供給され，主産地はもとより地域圏内の農業が持続する状態をつくりだすこと，また，クライシス時にも生命を支える供給システムを維持できるように備えることは喫緊の課題である。

そのように考えると，これまで品目別に全国的，国際的視点でフードシステムの構造をとらえるための枠組みを説明してきたが，この枠組みを生かしながら，さらに新たな視点の導入が必要となる。

大量生産・大量流通，大企業により全国チェーン化され均質化・効率化されたシステムは，供給を効率化し，製品のコストを引き下げてきたが，それのみが進んだ場合，大きな構造変化に耐えることができるだろうか，また，外部からの衝撃に対して復元性（頑健性：ロバストネス）をもちうるだろうか。構造変化も，クライシスも，地域間であらわれ方が異なり，地域の状況に即した対応が必要となる。また，直面する状況は刻々と変化し，臨機応変な対応が鍵となる。そうした状況に即した臨機応変な対応力は，空間的なまとまりがあり，近接した関係にあるコミュニティの人々の判断と行動に支えられる。柔軟に構造を再編し，衝撃を吸収し復元する方向性と方法をみいだすのは，人々の応答能力，裁量能力である。その力は，人々が日常の活動において社会的・経済的・文化的にまとまりをもつと感じる，近接性のある圏域を単位にしたときに発揮されやすい。

まとまりをもつ地域圏において，公共性をもつ自治体が主導し，フードシステム各段階の事業者をはじめすべての関係者が十分に議論し，フードシステムの現況を評価し，弱いところを補い，強みを生かせるような改善の目標を立て，実現のための行動計画を立案し，行動することが求められる。地域圏内や近隣の農業，食品製造者の持続と発展を企て，全国的なシステムとも結合し，すべての生活者によく食料を供給できるようにすることが必要である。このような地域圏フードシステムの構築は，多くの人口が集中する都市圏，また，地方中核都市と周囲の農村を含む圏域において取り組まれることが大切である。世界では，都市圏を含む地域圏のこのような食料計画，食料政策の確立に動いている（第15章コラムを参照）。

《**キーワード**》　フードシステム，連鎖構造，競争構造，企業構造・行動，企業結合構造，消費者の状態，基礎条件，目標・成果，地域圏フードシステム

学習課題

1．農業や食品産業の役割は何か，他の産業とどのような違いがあるか，考えてみよう。
2．「フードシステム」という枠組みで，農産物・食品の供給をとらえることの積極的な意義はどこにあるだろうか，考えてみよう。また，フードシステムという枠組みでとらえることによって，何がみえてくるか，副構造などの本章の説明をもとに整理してみよう。

参考・引用文献

・Carlton, Dennis W. and Jeffrey M. Perloff（1990）*Modern Industrial Organization*, Scott, Foresman and Company.

・藤谷築次（1989）「農産物市場構造変化のメカニズム」『農林業問題研究』第97号，158-167頁

・Ｊ・Ｓ・ベイン（1981）『産業組織論　上・下』（第２版）丸善株式会社

・黒木英二（1996）「アメリカにおけるフードシステム研究の方向と課題―アメリカ議会の動向及びNC117を機軸にして―」『広島県立大学紀要』第７巻第２号

・Marion, B. W. and NC117 Committee（1986）*The Organization and Performance of the U.S. Food System*, D. C. Heath and Company.

・新山陽子（1994）「フードシステム研究の対象と方法―構造論的視点からの接近」『フードシステム研究』第１巻第１号，51-60頁

・新山陽子（2001）『牛肉のフードシステム―欧米と日本の比較分析』日本経済評論社

・新山陽子（2020）『フードシステムの構造と調整』（フードシステムの未来へ１）昭和堂*

・高橋正郎（1991）『食料経済』理工学社

・植草益（1982）『産業組織論』筑摩書房

・占部都美（1983）『改訂企業形態論』（第４版）白桃書房

・吉田忠（1978）『農産物の流通』家の光協会

◎さらに深く学習したい人には，＊の図書をお薦めします。

〈コラム〉

フードシステムの具体的な姿
―概形の典型例―

フードシステムの産業連鎖の典型例を取り上げておこう（補図）。

【生鮮野菜・果実の消費者までの連鎖】

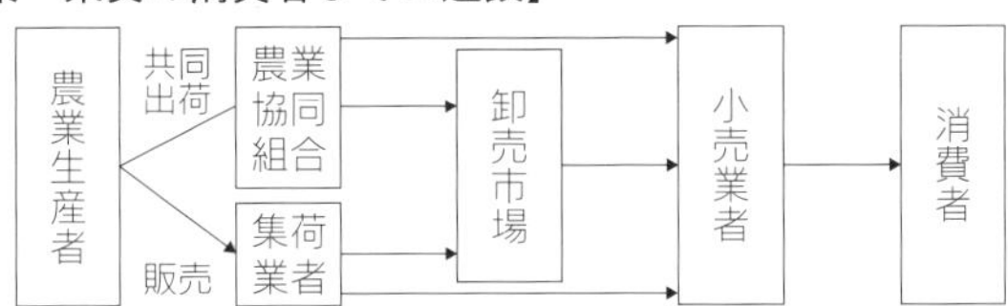

【生乳・飲用乳の消費者までの連鎖】

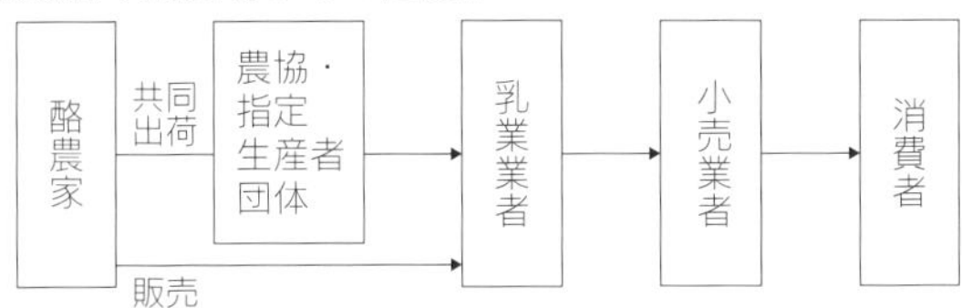

【加工食品・外食の連鎖構造の概形】

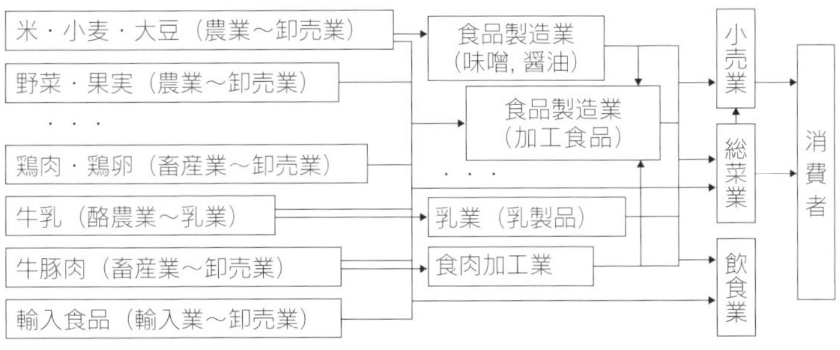

出所：筆者作成。

【生鮮野菜・果実，魚介】 調整・処理が不要なため，収穫，水揚げされたままの姿で消費者に届くことが多い。しかし，多くの農家，産地の農産物が，さまざまな多数の食品製造業者，外食業者，小売店に供給されるには，途中でいったん荷を集め（集荷），それらを需要量に応じて分ける（分荷）中継点が必要であり，卸売市場や流通業者がその機能をはたす。カットは流通業者の機能の一部として行われている。農村の直売所，農家が直接消費者やレストランなどの食事提供業者に販売する直販もみられる。

【畜産物】 処理工程が必要であり，処理業が独立した産業になっている。例えば，牛乳は，酪農家が搾乳・保冷している生乳を，指定生産者団体・農協が保冷車で集乳して回り，飲用乳メーカー（乳業）の需要に応じて配送する（共同販売）。メーカーはプラントで検査・殺菌して，パックに詰め，小売店に販売・配送する。牛肉は，肉牛農家が農協を通して肉牛を共同出荷し，農協などが運営する産地食肉センターや消費地の卸売市場でと畜・解体し，枝肉や部分肉を食肉メーカーや専門店に販売し，さらに各小売店に販売・配送される。食肉メーカーが肉牛農家と契約して集荷することもある。

【加工食品，外食（総菜を含む）】 食品製造業者は，卸売市場や卸売業者から農水産物を仕入れ，加工し，食料品卸売業者を通してあるいは直接に小売店に販売する。梅干し，こんにゃくのように単品の原料農産物を使う場合は畜産物のタイプに近いが，多種の原料を使用する場合は，多数品目の川上システムにつながっている。外食業者は，原料が農林水産物だけでなく，加工食品も含み，より多種類の品目の川上システムにつながっている。

2 農業の展開と産業構造

新山陽子・関根佳恵

1. はじめに

私たちの食卓にのぼる食料の源を生み出しているのが，農業および畜産業である。しかし，フードシステムの最も川上に位置するので，消費者のみならず，フードシステム関係者も，農業生産の実情への認識をもつ機会は多くない。本章では，第2節で稲作，第3節で畜産，第4節で野菜・果樹を取り上げる。これらの部門は，日本の農業粗生産額のそれぞれ19.6%，33.6%，36.1%[1]を占め，合計で全体の約9割を占める代表的な部門である。それぞれに課題をかかえているので，どうすれば解決できるのかを考えてみよう。

2. 水田稲作の構造と課題

(1) 水田稲作の特徴

米は日本人にとって主食であり，日本農業の基幹作物である。農業経営体（107.6万経営体）の実に55.5%が稲作を販売金額1位の部門としている（2020年「農林業センサス」）。水田稲作は土地利用型農業であり，経営耕地面積（323.3万ha）のうち水田は55.2%を占めている。また，棚田は農村の景観においても重要な構成要素であり，水源涵養などの重要な機能も有している。

温暖湿潤なアジア・モンスーン地域に位置する日本では，米のほとん

1）農林水産省「生産農業所得統計」（2019年）。

どは灌漑設備が整った水田で田植え方式によって生産されている。また，耐冷品種が開発され，北海道から沖縄県まで産地が広がる。

米の需要は，戦後の食の洋風化にともなって，1962年をピークに翌年から減少に転じた。1962年に年間１人当たり消費量は118.3kgであったが，2018年には53.5kgに半減している（農林水産省）。しかし，そのなかでも米の品目別食料自給率（重量ベース）は，97％（2018年度）を維持している。米は，主要食糧のなかでも小麦やトウモロコシと比較して生産量に占める輸出量の割合（貿易率）が低く，国内自給的性格が顕著な作物である（冬木 2004）。

（２）水田稲作の生産構造

日本の稲作経営体の平均経営耕地面積は2.1haであり，農業経営体全体の平均経営耕地面積3.1ha（北海道30.2ha，都府県2.2ha）からすると，小規模・零細経営が多い（2020年「農林業センサス」）。日本では，戦後，小作地を耕作者に開放する農地改革が実施され，結果として零細な農家が多数生まれたが（平均耕地面積約30a），この零細性と分散錯圃（所有地が入り組み錯綜している状態）が日本の稲作経営を長らく特徴づけてきた（暉峻 2003）。

その後，農地法（1952年成立）が段階的に改正され，農地所有者が耕作を行う原則（自作農主義）から，耕作者の農地借入を許容する考え方（耕作者主義）に農地政策が転換され，徐々に農地を集めて規模を拡大する経営が登場した。農業経営数の増減の分岐点となる経営規模は，都府県で10ha，北海道で100haとなっており（2015～2020年の比較，「農林業センサス」），徐々に農業経営の経営存続ラインが上昇している。しかし，100haを超える大規模稲作経営が誕生する一方，大多数の稲作経営は零細なままであり，経営構造の二極化が進んでいる。規模拡大を追求する経営は，法人化を進めるケースが増えている。また，生産者の高齢化や兼業化が進んだ地域では，集落で水田営農を行う集落営農組織をつくるようになり，その法人化も増えている。山口県や広島県などでは，集落営農同士が広域連携して地域の存続をめざす事例もみられる。

稲作の経営規模拡大や兼業化を後押ししたのが，機械化と省力化である。稲作に必要とされる代掻き，田植え，除草，施肥，稲刈，乾燥，脱穀の作業は重労働であるが，機械化一環体系が1970年代に確立され，その後も大型高性能機械化が進んでいる。化学肥料や化学農薬が普及したこともあり，稲作10a当たりに必要とされる年間労働時間は，172.9時間（1960年）から22.7時間（2019年米生産費統計）に短縮された。

大型機械投資のなかでも米の生産費は低下し，全国平均15,155円／60kg（2019年米生産費統計）[2]であるが，米価は低迷しており，2019年産は平均15,531円／60kgと生産費をかろうじて上回っているが，年によっては生産費が米価を上回る。その背景には，米需要の低迷，生産調整政策の廃止，ミニマム・アクセス米の輸入，および業務用・加工用輸入米需要の増加がある。このため稲作経営の所得は，農外所得に大きく依存せざるをえなくなっている。

稲作の経営環境の厳しさは，生産者の減少と高齢化に顕著に表れている。基幹的農業従事者の高齢化率は69.6%に達している（2020年「農林業センサス」）。また，1960年に527万戸であった総農家数は，174.7万戸（2020年）に減少した。水田経営と農村人口の減少は，耕作放棄地（42.3万ha，2015年）と鳥獣害被害（被害額年間158億円，2019年度，農林水産省）の拡大をもたらしている。

（3）水田稲作と資材産業

今日，一方で，水田稲作用の主要な農機メーカーは海外進出し多国籍

2）生産費には，生産資材や労働費，利子，地代が含まれている。

企業となっている。他方で，国内市場規模は縮小し，農機メーカーにとっては採算があわなくなってきたといわれ，農家にとっては農機が高単価となる問題をかかえている。さらに近年は，官民をあげてスマート農業が推進され，ドローンによる農薬散布やGPSの導入による自動走行機械の導入がめざされているが，収益性が低い稲作経営にとって多額の投資は困難である。そのため，大型機械の共有化や助成金による支援が行われている。

農薬・化学肥料は，外資系のメーカーや日系の大手化学メーカーが製造し，全農（全国農業協同組合連合会）や大手商社が供給している。さらに，機械や輸送車の燃料として，また農薬・化学肥料の原料として化石燃料が用いられているため，原油の取引価格の高騰は稲作経営の経営環境にも影響を及ぼしている。

米の品種開発は，農林水産省や都道府県農業試験場による公的育種が中心であるが，政府は民間企業の活力を最大限活用して種子を供給する必要があるとして，その根拠となる主要農作物種子法（コメ，麦，大豆の種子の安定供給のために国が果たす役割を定めた法律，通称「種子法」）を2018年に廃止した。こうした流れのなか，近年は民間による育種も登場しており，次第に民間資本の役割が強まってきている。しかし，高品質な種子を手頃な価格で安定的に農家に供給するという公的育種の役割を重視して，26の道県（2021年３月）は種子に関する条例を相次いで制定した（地方自治研究機構 HP）。

（４）水田稲作の政策と課題

戦後の食糧難の時代には，米増産のために政府が財政負担をして米を高価格帯で買い上げ，低い価格で消費者に供給した（暉峻 2003）。しかし，1960年代には生産過剰になり，1970年代以降，政府は水稲の減反をする生産調整政策を実施し，野菜，畜産，麦類，大豆，飼料用米などへの切り替えを促してきた。

また，世界的な自由貿易体制の確立とWTOルールの適用（1995年～）により，国内の農業政策の再編が不可避となり，価格支持政策から所得支持政策（経営所得安定対策など）に再編された。生産調整政策は2018年に廃止され，転作促進のための直接支払制度（水田活用の直接支払交付金）に移行した。同時に，国による生産数量目標の配分も廃止され，農協などによる民間の生産調整が行われているが，生産過剰は解消されていない。さらに，2020年には棚田地域振興法が施行され，中山間地域等直接支払制度に加算金が措置されるようになった。

米の流通・消費者政策を支えた食糧管理法（1942年施行）は，WTOルールと整合的な食糧法（1995年）の施行によって廃止された。これによって米の流通構造は大きく変わり，消費者の米の購入先は米屋からスーパーマーケットやコンビニエンスストアに移っていった。

水田稲作は，米需要の低下と低米価，主要先進国と比較して低水準にある所得補償政策により厳しい経営環境が続き，生産者の減少と高齢化に歯止めがかからない危機的な状態にある。そのなかで縮小する国内市場に見切りをつけ，中東や中国沿岸部などへ日本産米を輸出したり，欧州やアジアで米生産を開始したりする農業経営者もいる。また，機能性食品として，低アミロース米やGABA含有量の高い米の開発による新需要創出が試みられている。その一方で，有機農業，環境保全型農業などの環境負荷の軽減を追求する試みもある。こうした動きが，日本農業の持続的発展や多面的機能の発揮，食料自給率向上，そして消費者の健康増進につながるかどうか，十分な議論が必要である。また，市場を含む経営環境を改善するための検討が必要である。そして，適切な施策を講じるためにも，実態を正確に把握するための統計データの収集・活用が求められる。

3. 畜産業の構造と課題：効率を達成した畜産とその市場環境

(1) 畜産部門の特徴

日本の畜産経営の規模は，EU と同程度かより大きい部門もある。家畜の個体が小さく，生産サイクルが短い部門ほど，個体と生産の斉一化が進み，経営規模が大きい。酪農，肉牛生産より，養豚，さらに養鶏（採卵鶏，肉鶏）の方が規模が大きい。酪農は北海道，北関東，肉牛は南九州，北海道，東北，採卵鶏は岩手，宮崎が主産地になっているが，酪農や採卵鶏は消費地に近いところにも立地している。

畜舎の様式や給餌などの機械・技術体系は，大規模飼育に向けて発展してきた。例えば，酪農では，繋ぎ飼育でパイプラインミルカーが多いが，フリーストール飼育でミルキングパーラーによる搾乳だとより多頭飼育できる。自動給餌器はどの部門にも導入されている。養鶏は，ウインドレス鶏舎で空調が完備され，オールイン・オールインアウトとよばれる鶏舎で，鶏を一斉に導入・飼養して，一斉に出荷し，鶏舎を空にして消毒を徹底する方式が導入されている。

家畜の育種・改良事業には，国が家畜改良増殖法を定めて取り組んでいる。日本固有の和牛[3]については，独立行政法人家畜改良センター，主産地の自治体の肉牛センターが連携して取り組み，品種毎に牛を登録する家畜登録協会も活動している。乳牛は国際的に取引され，日本は改良の基礎となる牛を北米から導入している。家畜改良センターと各県の協会が産乳能力の検定事業を行い，酪農家の優秀な搾乳牛の育成を支えている。豚は家畜改良センター，都道府県，全農が系統造成を行い，民

3）和牛は，日本固有の品種のことであり，黒毛和種，褐毛和種，日本短角種，無角和種の4品種がある。

間育種会社を含めた開放育種も行われる一方，海外からハイブリットも導入されている。鶏は，食肉用，採卵用とも90%以上が輸入され，孵卵業者が農家にヒナを供給している。国産鶏の育種には，家畜改良センターとごくわずかの事業者が取り組んでいる。

以下では，経営規模や供給量から産業の構造をとらえるが，それは市場や需要の状態の影響を受けるので，関連づけてみていきたい。

畜産物価格は，肉牛・牛肉を除き，低く抑えられてきたうえ，2006年末から飼料穀物相場の高騰によって経営危機に陥っていた。その典型が酪農，採卵養鶏であった。それへの対策と穀物相場の落ち着きのなかで，2013～14年頃から経営の状態は好転しているが，戸数，頭数の減少が止まらず，生産基盤の安定が厳しい状態になっている。

一方，それに対する社会の関心はどうだろうか。肉や卵，牛乳，バター，チーズなど畜産物は身近な存在であるが，農場から処理場，小売へと至るフードシステムの実情，なかでも経済的な実情を知る機会がない。また，カロリーとタンパク質の多くを畜産物に依存しているのに，研究者の関心も米や野菜に偏重しているように思われる。

飲用乳と鶏卵は，輸出入に不向きであり，どの国・地域でも自給率が高い。日本では技術的・経営的に極めて高品質で効率的な生産が達成されているが，量販店の集客戦略の目玉として安売り・特売，低価格仕入れが続いてきたという点で，市場や経営経済構造に類似点がある。経営努力だけでは市場対応は難しい状態にある（新山 2013を参照）。他方，食肉，鶏肉は輸入に多くを依存しながら，高品質な国産品への強い需要がある。牛肉は生産段階が子牛生産（繁殖）経営と肥育経営に分かれ，繁殖の技術的・経営的な難しさから，脆弱な資源構造をかかえている。また，畜産共通の特徴として，飼料の輸入依存度が高いため，飼料穀物の国際相場が上昇すると畜産経営は危機に陥る。また，家畜感染症，人畜共通感染症が発生すると，大きな損失を受けるため，家畜伝染病予防法により対策が強化されている。

（2）飼料

飼料穀物はほぼ輸入に依存し（2020年度1,300万t），主にアメリカ，ブラジル，オーストラリアなどから輸入している。そのため，国際相場の影響を大きく受ける。過去2008年，2011年から2012年をピークに国際穀物相場（シカゴ相場）が高騰し，畜産経営に打撃を与えた。2012年の高騰はアメリカの56年ぶりの大干ばつによるものであった。中国の輸入増加などにより，2020年後半から再び上昇傾向がみられる。

価格高騰に備えて配合飼料価格安定制度（畜産経営・配合飼料メーカーの通常補填基金積み立て＋国・メーカーの異常補填基金積み立てからなる）があり，強化のために発動指標を輸入原料価格に変更するなどの措置がとられている。

飼料自給率は，粗飼料77％，濃厚飼料12％にとどまり（2020年），国内生産目標はそれぞれ100％，15％への引き上げにおかれている。飼料費は生産費の３～５割を占める（牛で３～５割，豚・鶏で６割）ので，削減の工夫が求められる。稲作農家と連携して水田を活用し，ホールクロップサイレージ（稲発酵飼料），飼料米の生産が行われている（それぞれ4.3万ha，7.1万ha）。放牧が推進され（乳牛は23％，肉用繁殖牛は17％が放牧），草地の生産性向上，飼料作物の収穫作業組織や飼料製造施設づくりが促進されている。あわせて，エコフィード（食品残渣利用）が推進されている。食品残渣の69％が再生され，74％が飼料として利用されており（2018年度），濃厚飼料の６％を占め，輸入飼料の約１割に相当するとみられている。

（3）酪農

牛乳・乳製品の市場においては，1990年代半ばから牛乳消費が大きく減少したが，健康志向の高まりにより，2015年頃からは減少が止まっている。他方，とくにチーズ，そして生クリームの消費が増え，生乳の加工用仕向けが増やされてきたが，生産量全体の減少により，処理量は減ってきた。そのためチーズは輸入が増加している。加工仕向けの原料乳価は低いので，北海道のように加工仕向けが高い地域の酪農家が不利にならないよう補填の仕組みが設けられている。

酪農の戸数は減少を続けている（年4％）（図2-1）。飼養頭数も減少を続けてきたが，2018年には16年ぶりに増加に転じた。一方，1戸当たりの搾乳牛頭数は増加し，また，1頭当たりの乳量も飛躍的に増え，1975年頃の倍近くになっている。以前はそれによって，廃業する酪農家の頭数減少分がカバーされてきたが，2012年頃から増頭が進まなくなり，生乳の生産量全体が減少してきた。2016年には国産バターが品薄になるという出来事もあった。

酪農家数，頭数減少の背景には，生乳市場の悪化による酪農経営の危機がある。2015年からの改善の効果が，近年かろうじてあらわれてきて

図2-1　乳用牛飼養戸数，飼養頭数の変化

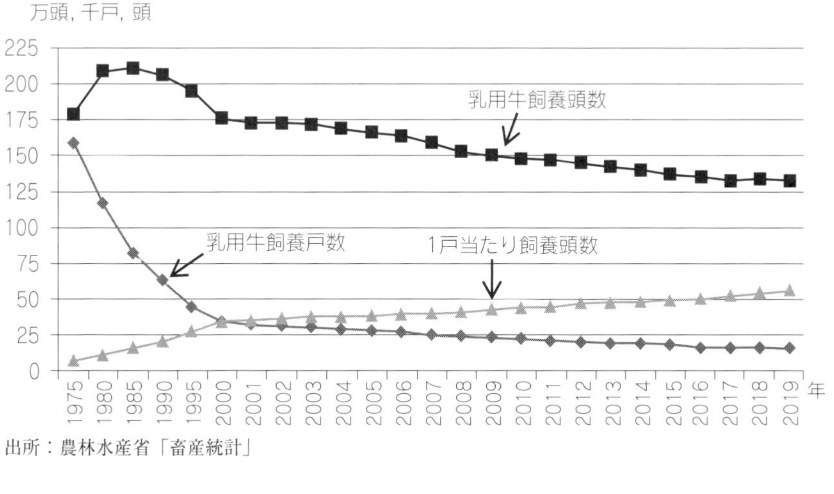

出所：農林水産省「畜産統計」

いる。これについては第3章で述べる。乳業メーカーも，HACCP導入などの衛生管理の強化に費用がかかる一方，小売への販売価格の低下により極めて厳しい状態におかれている。

(4) 肉牛・牛肉

牛肉の消費は，2001年にBSE（牛海綿状脳症）が国内で発生したときに大幅に減少し，その後8割強で推移し，近年回復をみせている。国産生産量は減少せず，国産牛肉に対して堅固な需要を維持してきたが，近年やや減少傾向にある（図2-2）。和牛など肉専用種は増加しているが，搾乳牛の減少により乳用種や交雑牛の肉が減少している。輸入肉の半分以上を占めていたアメリカ産牛肉は，2003年末にアメリカでBSEが発生し，輸入再開後ももとに戻らない状態が続いていたが，近年回復してきている。

国産牛肉のなかでは和牛肉が40～45%を占めている。残りが乳用種（搾乳できない雄子牛を去勢して肥育したもの）と交雑牛（搾乳用の雌に和牛を交配したもの）の肉である。

和牛の平均飼養頭数規模は，繁殖経営16.1頭，肥育経営155.1頭と差

図2-2　牛肉供給量の推移

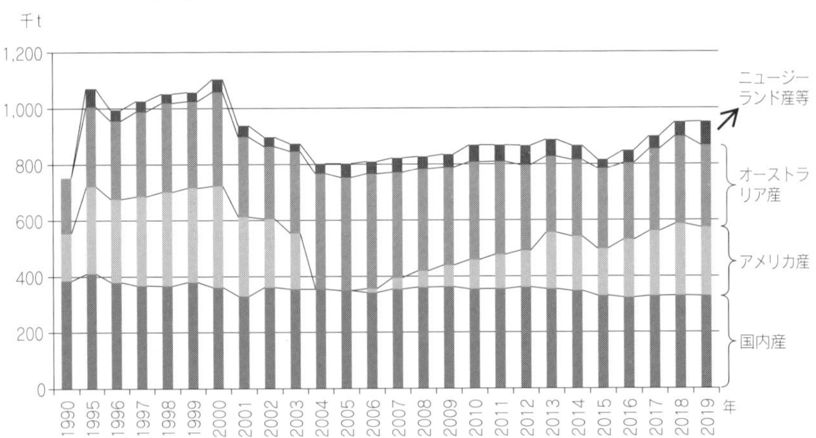

出所：農林水産省「食料需給表」にもとづく。

図2-3　繁殖雌牛頭数と子牛価格の推移

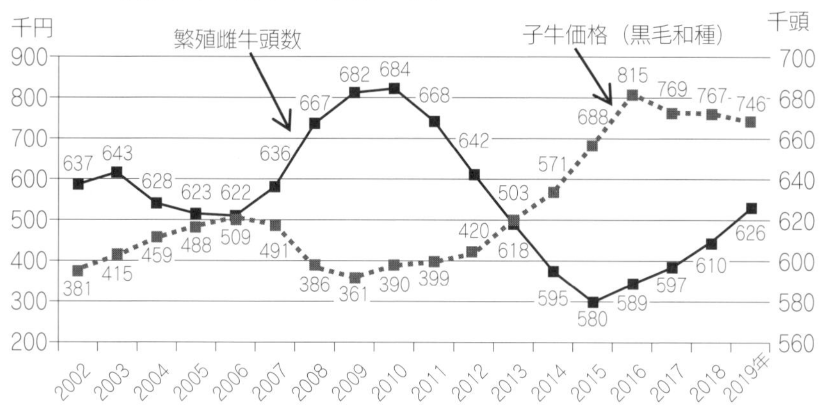

出所：子牛価格は農畜産業振興機構「肉用子牛取引状況」，繁殖雌牛頭数は農林水産省「畜産統計」による。

が大きい（2020年）。子牛を生産する繁殖経営は零細な規模が多く，10頭以下飼養経営が63.8%を占める。100頭以上規模の経営が飼養頭数の23.6%を，50頭以上規模の経営が39%を飼養するようになったが，肉牛資源の基盤は脆弱である。一方，子牛を肉用に肥育する肥育経営は規模拡大が進み，100頭以上層が農家数で29.6%，飼養頭数で45.3%を占め，500頭以上層がそれぞれにおいて3.6%，21.1%を占めるほどに安定した構造になっている。

零細な規模の和牛繁殖経営が減り，繁殖母牛が減少して子牛頭数の減少が続いてきた。そのため，子牛価格が長期に高騰し（図2-3），その影響で2012年頃より枝肉価格も長期に高価格が続いている（肥育牛価格を図2-4に示した）。新型コロナ感染症拡大の影響で外食需要が減少し，一時，価格が低下したが，家庭内需要の増加により回復している。

肥育経営は，子牛価格，飼料価格そして出荷する肉牛の枝肉価格の変動の影響を受ける。枝肉価格が低下し飼料価格が高騰した1997年，そし

図2-4　和牛の生産費と販売価格の推移

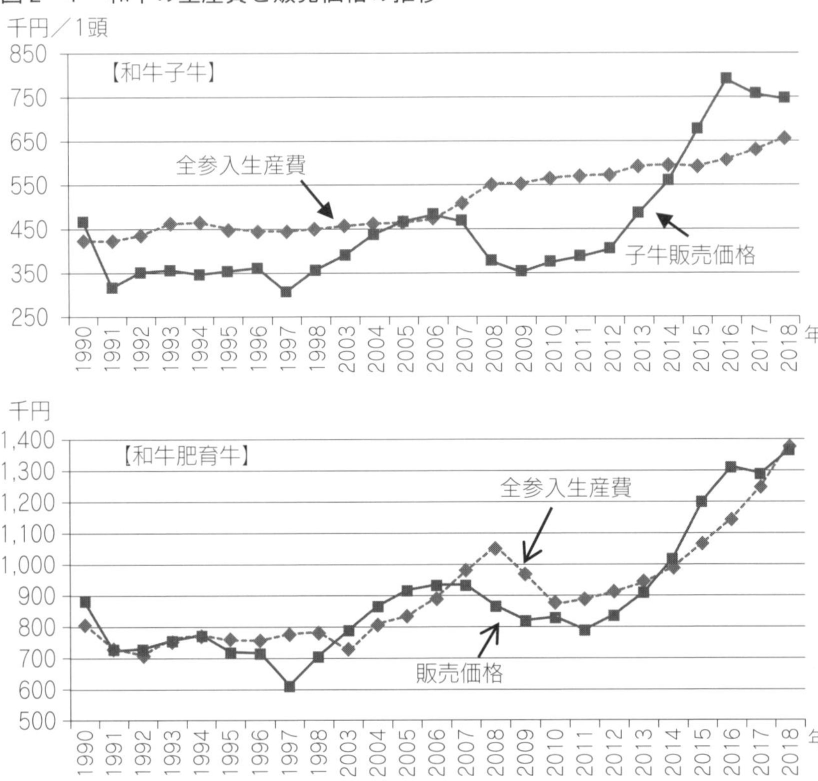

出所：農林水産省「生産費調査」

て2007年以降は大きな赤字になったが，枝肉価格の上昇により利益が回復し，2014年頃からは平均的農家ではほぼ生産費をカバーできるようになった（図2-4）。一方，和牛繁殖経営は，販売する子牛価格と生産費の関係は極端に悪い。子牛価格の低下時には，生産費のカバー率がひどく低くなり，子牛価格が上昇しても利益はでていなかった（図2-4）。繁殖経営と繁殖雌牛減少が続き，これまでにない子牛不足となって，2014

年頃から通常のキャトルサイクルを外れる子牛の高価格が続き，ようやく2016年から雌牛頭数が増えるようになった（図2-3）。

繁殖経営の飼養頭数規模の拡大が難しい背景には技術的な要因もある。母牛の授精・受胎，出産，さらに誕生後間もない子牛は病気にかかりやすく多頭飼育が難しく，技術を要するプロセスがある。そのうえ，酪農のように毎日生産物を出荷し，技術的・価値的な収支を日々バランスさせてとらえやすい経営構造とは異なり，授精から子牛の出荷まで2年近くかかるため，資本回転が遅く，技術的・価値的な投入～産出の結果を得るのに時間がかかり，収支のバランスをとらえにくく，科学的管理をしにくい。さらに，経営が価格の動きに反応し，頭数増減の意思決定をして，生産物が市場にでるまでにタイムラグが大きいため，市場全体として頭数増減の短期調整がきかず，結果として生産物である子牛の価格変動が大きくなる（これをキャトルサイクルという）。このことは，安定した経営プランをもつことを難しくする。このように困難な要素を多くもつため，和牛は世界に誇る資源であり，国内需要も安定し枝肉の市場価格はよいにもかかわらず，繁殖経営がそれを享受できる状態にない。その結果として，産業的にも資源基盤の脆弱さを克服できておらず，さらなる抜本的な対策が必要であろう。

（5）養鶏，鶏肉

自給率（重量ベース）は，1985年を境にして，2005年までに90%台から60%台へ急減した。プラザ合意による円ドル為替レートの変換による輸入価格の低下が大きな影響を与えたとみられる（豚肉も同様である）。2005年以降は，消費は着実に上昇し，輸入は横ばいであり，2012年以降は生産が増加している。

アジアの鳥インフルエンザの発生時（2003年から04年）には，中国，タイからの輸入が減少し（調整品のみ輸入可能），輸入先がブラジルへ変わった。タイからの輸入は2014年に再開された。

経営数は年１～２％の割合で減少している。１戸当たり羽数は増加し（2019年61万羽），50万羽以上の大規模層が戸数の12.5％，羽数の46.2％を占めている。

（６）採卵養鶏，卵

鶏卵は，2005年より自給率95％前後で推移している。輸入は，加工や業務用に使われる粉卵・液卵のみである。

飼養戸数は年４～６％減少しているが，2015年頃から生産量は増加している。１戸当たり成鶏雌羽数は増加を続け（2019年に６万７千羽），10万羽以上規模が戸数の17％，羽数の76％を占めるようになっている。

卵価は低く，2006年末から飼料価格が高騰したときにも上昇せず，事業者団体により新聞一面の意見広告がだされるまでになった。2020年には新型コロナ感染症の拡大により，飲食店で使われる業務加工需要の減少と，家庭需要の増大の両方の影響を受けてきた。さらに鳥インフルエンザの発生により，全国的に殺処分が増え，供給が減少し，価格は回復している。

（７）将来への課題

畜産各部門は淘汰されて大規模になり，極めて高品質のものを極めて低価格で供給し続けられるほどに効率を高めてきた。家畜感染症への対策は国際的にも高い水準にある。にもかかわらず，戸数，頭羽数ともに大きく減少し，生産基盤の維持が危ぶまれているのは，畜産経営の経済的困難が経営努力では動かせない市場環境に起因しているからとみられる。紙幅の関係でふれられなかったが，それぞれの部門には生産者と政府が基金を積み立てておき，価格が基準価格より大きく下がったとき差額を補填するような制度が設けられ，経営の安定に機能している。

4．野菜・果実生産の構造と課題

（1）野菜・果実生産の特徴

野菜・果実は，ビタミンや食物繊維の摂取に欠かせない品目であるが，高度経済成長期に拡大した消費は，近年低迷している。これらの品目は台風や高温，干ばつなどの気象条件によって収穫量が大きく減少し価格が高騰することもあれば，豊作によって値崩れすることもある。また，季節によって産地が南北に移動し，リレー出荷体制となっていることも特徴である。

野菜・果実は，1961年に施行された農業基本法のなかで畜産物とともに選択的拡大品目に位置づけられ，1970年代に始まった米の生産調整政策のもとで水田転作作物として生産が拡大されてきた。高度経済成長期に人口が急増した都市部に大量の野菜・果実を供給するため，各地に主産地が形成され，国も農業補助金を支給してこの動きを後押しした。野菜の出荷額が多いのは，北海道や九州などの遠隔地と，大都市近郊の茨城県，千葉県，愛知県などである[4]。果物は，青森県，和歌山県，山形県，長野県，山梨県などの主要果実（リンゴ，ミカン，ブドウ，モモ，サクランボなど）の主産地の出荷額が多い。

野菜・果実生産の環境が大きく変化したのは，1985年のプラザ合意とそれによる円高，1991年のオレンジ輸入自由化に代表される多段階の貿易自由化である。その結果，野菜・果実の輸入が急増し，2001年にはネギ，シイタケが畳表（イグサ）とともにセーフガード発動の対象となった。急増の背景には，輸送技術の向上とともに，日系企業の海外事業展

4）農林水産省「作物統計」。

開による加工品（冷凍野菜など）や半加工品（漬物用の塩蔵野菜など）の開発輸入の増加もある（大塚 2005)。

輸入量の増加と消費者の野菜・果実離れにより，国内の生産者は厳しい経営環境におかれている。加えて生産者の高齢化もあり，野菜・果実の作付面積，および出荷量は年々縮小している。

(2) 野菜・果実生産の生産構造

野菜・果実の生産は，露地栽培と施設栽培に大別される。施設栽培は資本集約的で，面積規模は露地栽培よりも小さい。露地栽培は土地利用型で，キャベツ，大根，白菜，人参，ジャガイモ，玉ねぎ，ブロッコリーなどの重量野菜が多くを占める。北海道などの大型産地では，経営規模の拡大と作業の機械化が進んでいる。

露地野菜の作況は天候の影響を受けやすいのに対し，施設野菜は安定した生産ができるため，新規就農者の多くが取り入れている。主に，ナス，トマト，きゅうり，パプリカなどの果菜類や，ほうれん草，レタスなどの葉物野菜が栽培されており，軽量野菜が中心となることから高齢の生産者にとっても生産が継続しやすい。さらに，統計上は野菜に分類されるイチゴ，メロン，スイカなども施設野菜の代表的な品目である。

果実生産は，永年性作物である果樹の管理をともなうため，生産サイクルが長い。樹種や品種にもよるが，約20～25年のサイクルで果樹の更新が必要になる。代表的な露地果実に，リンゴ，ミカン，モモ，ナシ，カキ，ブドウ，クリがあり，その多くが中山間，山間地域で生産されている。そのため，経営規模の拡大や機械化が難しく，小規模経営が多勢を占める。また，重労働にもかかわらず，輸入品の増加などにより国内価格が低迷しており，生産者の減少が著しい。

果実も近年は施設栽培が増え，ハウスミカン，ブドウ，サクランボ，熱帯果実のマンゴーが代表的である。傷の少なさや糖度，品質の均質性により，産地は高付加価値化とブランド化を進めている。

（３）野菜・果実生産と資材産業

野菜の安定供給には施設園芸が不可欠な存在になっているが，資本の重装備化と資材価格の高騰は，農業経営の経済条件を悪化させ，経営リスクを高める場合もある。とくに，施設の加温に必要な石油などの化石燃料の価格高騰は，大きな懸念材料である。さらに近年，官民をあげて推進されているスマート農業では，センシング技術，収穫ロボット，農業クラウドを用いたデータ解析，AI（人工知能）を活用する植物工場，および果樹経営で利用が期待されるアシストスーツなどが注目を集めている。しかし，これらの先端技術は導入や利用のコストが高く，助成金なしで経営を黒字化することは極めて厳しい。表２-１のように，施設園芸を営む農業経営の時間当たり所得は決して高くない。化石燃料への依存を減らして生産コストを下げるために，近年では下水処理場や工場の排熱，地熱などを利用して，施設を加温する試みもある。

野菜・果実の種苗は，稲作と異なり民間企業による育種，種苗販売が

表２-１　営農類型別の経営所得（10a 当たり）

	粗収益（千円）	農業経営費（千円）	所得（千円）	労働時間（時間）	時給（円／時）
露地野菜	1,207	701	505	367	1,376
施設野菜	410	242	168	183	918
果実	511	306	205	208	986
水稲	108	85	23	32	719

出所：農林水産省（2020）をもとに作成。原資料は農林水産省「営農類型別経営統計」（平成29年度版）。

中心である。上位3社の種苗会社が大きなシェアを占め，海外でも種子生産・販売事業を行っている。販売種苗のほとんどは，生産物の品質の向上や耐病性の観点から品種改良されたF1（一代交配）種苗になっている。政府は，日本で育種された品種の海外流出を取り締まり育種者の権利を保護することを目的に，種苗法の一部を改訂（2020年）し，新規開発され登録された品種について，農家による自家増殖（タネ採り，挿し木など）を原則禁止（許諾制）にした。この規定は，在来品種や登録されていない品種，登録期間が切れた品種には適用されない。

（4）野菜・果実生産の課題と新展開

現在，野菜・果実の品目別自給率（重量ベース）は，それぞれ78%，38%（2018年）[5]となっている。消費低迷のなかで，貿易自由化による関税率の引き下げだけでなく，防疫体制の規制緩和により輸入量が増加している。多くの産地は厳しい競争環境におかれており，年々生産量が先細りしているのが現状である。

危機打開のために，政府はいっそうの高付加価値化と輸出の促進，農商工連携や6次産業化による加工原料の国産化やグリーン・ツーリズムによる生産者の所得向上，企業参入や植物工場の普及を進め，また，民間企業は農業労働の軽減のための農作業ロボットやサイボーグの開発に乗り出している。他方で，野菜・果実の地産地消，産消提携，食農教育に力を入れ，消費の向上を図る動きも広がっている。とくに，EUでは食生活の改善のために政府が青果物を買い上げて小学校で児童に無料配布し，健康のための食育と将来の消費拡大，および事実上の市場隔離措置（果実の価格暴落を防ぐため）を実現する取り組み「スクール・フルーツ・スキーム」を実施している（李ら 2019）。日本もEUの政策に学ぶ点が多いといえる。

5）農林水産省「食料自給率の推移」（2019年）。

5. むすび

本章では，私たちの日々の食生活に欠かせない米，畜産物，野菜・果実の生産段階の構造を説明した。部門によって異なる特徴や構造をもっているが，いずれの部門にも共通しているのは農業経営環境が厳しく，再生産構造が脆弱化し，国産食料の安定供給が危ぶまれる点である。同時に，厳しい経営環境のなかで農業生産を維持する努力がなされている。消費者を含むフードシステムの関係者が川上の農業生産の状態を知り，その存続に思いをはせる必要があるだろう。

《**キーワード**》 水田稲作，畜産業，野菜・果実生産，生産構造

学習課題

1. 畜産物の単位当たり生産費と販売価格との関係から，畜産経営の存続可能性とその改善について検討してみよう。
2. 農業資材産業の発達が農業生産者の経営環境に与えた影響について，検討してみよう。

参考・引用文献

・地方自治研究機構 HP「農作物の種子に関する条例」http://www.rilg.or.jp/htdocs/img/reiki/004_seedlaw.htm（2021年7月4日採録）
・冬木勝仁（2004）「経済のグローバル化とコメ・ビジネス」大塚茂・松原豊彦編『現代の食とアグリビジネス』有斐閣，77-98頁
・JA グループ HP「JA グループの組織事業」https://org.ja-group.jp/about/group（2021年7月4日採録）

・新山陽子（2013）「国際穀物相場の変動が国内市場に及ぼす影響」『農業と経済』第79巻第3号臨時増刊号，26-32頁
・新山陽子・高鳥毛敏雄・関根佳恵・河村律子・清原昭子（2014）「フランス，オランダの農業・食品分野の専門職業組織―設立根拠法と組織の役割，職員の専門性」『フードシステム研究』第20巻第4号，386-403頁（新山陽子編著（2020）『農業経営の存続，食品の安全』昭和堂に再録）
・新山陽子・上田遙（2017）「フランスの専門職業（間）組織と農業協同組合―その機能の専門性とは何か？」『農業と経済』第83巻第7号，82-91頁（同上）
・『農業と経済』特集（2017）「特集　組合員に語りかける農協論―農業協同組合とは何か，誰のためにあるのか」『農業と経済』第83巻第7号*
・農林水産省（2020）「施設園芸をめぐる情勢」農林水産省，1-11頁
・大塚茂（2005）『アジアをめざす飽食ニッポン―食料輸入大国の舞台裏―』家の光協会
・李哉泫・森嶋輝也・清野誠喜（2019）『EU 青果農協の組織と戦略』日本経済評論社*
・高橋巌編著（2017）『地域を支える農協―協同のセーフティネットを創る―』コモンズ
・暉峻衆三編（2003）『日本の農業150年―1850～2000年』有斐閣

◎さらに深く学習したい人には，*の図書をお薦めします。

〈コラム〉

農業協同組合と専門職業組織の役割

農業生産者が共同で組織する農業協同組合は，日本を含む各国にみられ，フードシステムが機能するうえで重要な役割を果たしている。協同組合は１人１票制の意思決定を原則とし，組合員の経済的・社会的地位の向上を図ることを組織の目的とする。とくに農業協同組合は，社会的に立場の弱い中小零細の農業生産者が共同で販売と価格交渉を行うことを通じて，大手資本（加工・小売企業）と対等な取引を実現することをめざすため，日本の協同組合法でも独占禁止法の適用除外となっている（高橋 2017）。

日本には562の総合農協（2021年）があり，正組合員は415万人，准組合員は620万人（2020年）となっている（JA グループ HP）。その事業は，農産物の共同販売や資材の共同購入といった「経済事業」だけでなく，JA バンクの「信用事業」，および JA 共済の「共済事業」，医療・福祉を行う「厚生事業」など，多岐にわたっている。これら各種事業を１つの農協にまとめているのは日本の農協の特徴であり，「総合農協」とよばれる所以である。さらに，米・麦などの穀物，野菜，果樹，各種畜産など，かつては専門農協が存在したものも含めて，組織を統合し，すべてを１つの農協にまとめているのも特徴であり，これも「総合農協」の性質の１つとなっている。また，共済や厚生などの事業を通して農業生産者だけでなく，地域住民をも幅広く支えている。中央会制度は2016年改正農協法により改変された。これらの特質をめぐり農業協同組合とは何か，誰のためにあるのか，議論がなされてきた。それについては『農業と経済』特集（2017）などを参照されたい。

また，農業者，食品製造業者など事業者の組織として，専門職業組織（professional organization）といわれるものがある。日本では職業団体とよばれる。欧州各国ではその活動は活発である。自発的に組織され，専門家をかかえ，市場全体の適正な機能を確保し，セクター全体の利益となるように，取引のルールづくりを行い，食品安全やトレーサビリティの確保，環境親和的な生産方法など，社会的な要請に応えるための制度やガイドラインづくりなどを行う。こられについて政府に働きかけも行う。品目毎に，フードチェーン各段階の組織が集合して，職業間連合組織をつくるケースもある。これらはアソシエーションであるが，フランスやオランダでは，農業協同組合と同様に法的に設立や活動の根拠を与えられている（新山他 2014，2017）。社会と産業の進歩のために，日本でもその役割が期待される。

3 農業経営体の多様化と企業形態

新山陽子

1. はじめに

かつては農業経営体[1]のタイプは限られ，家族経営体がほとんどであり，その企業形態[2]としての実態もほとんど同質であった。家族経営体という概念だけで農業経営の状態を論じることができた。しかし近年，その企業形態の幅は大きく広がってきているので，従来のままの概念や範疇にとらわれ，とらえ方を間違えると現実の大きな部分を見落とすことにもなりかねない。また，家族経営体という言葉を使うとき，人によって念頭におく範疇が違うと，議論も噛み合わなくなる。さらに，家族経営体ではない農業経営体，すなわち，農業生産者グループによる経営体が増えてきているので，それをとらえる範疇も必要である。

また，よく，「家族経営」（体）と「企業経営」（体）を対置して比較されるが，この対置の仕方もあまり適切ではない。家族経営体，企業体という区分[3]は，別の座標軸に位置するものであり，そのため両者が重なる領域もある。以前は企業タイプではない家族経営体がほとんどだっ

1）日本では農業経営の組織単位を指すときも「農業経営」という言葉を使うことが多いが，「経営」は本来マネジメントという「行為」を表す言葉なので紛らわしい。そこで，少し固い言葉だが組織単位を現すときは「農業経営体」と表現する。

2）企業形態とは経済的性質からみた経営体の類型を指す言葉であり，非企業タイプも対象にされる。

3）「家族経営」は後述のように，家族によるマネジメントを表すが，「企業経営」は企業によるマネジメントではなく，企業をマネジメントすることを表すので，この点でも対比は適切でない。ここでは企業の形態をとる組織単位を「企業体」もしくは「企業」と表すことにする。

たので，このような対置をしてもあまり問題が起こらなかったが，今はそうではない。一方，企業タイプではない家族経営体も同質ではなくなり，多様化しているので，その多様性を表す概念が必要である。

問題の所在を明らかにするには，現実のどのようなタイプの経営，そのどのような状態を論じるのか，対象を特定できるようにすることが必要である。本章では，このような問題認識から，農業経営体の多様性を整理し，それぞれの特徴をとらえてみよう。

2．家族経営とは，企業とは：農業経営体の基本類型（家族経営体と生産者集団経営体，非企業タイプと企業タイプ）

まず，企業（経営体）は，出資資本にもとづいて，母体の世帯経済から分離して創設された経営体を指す。その場合は，創設された経営体は法人登記（各種会社など）されることが多く，「法人」でもある。その対立概念は，母体世帯経済内で営まれている経営体である（対比しやすくするために非企業／非法人タイプともよぶことにする）。この両者は，表３-１の右半分と左半分に分かれる。

表３-１　農業経営体の企業形態の基本類型

	世帯内の経営	世帯から分離された経営
家族による経営	非企業（非法人） 家族農業経営体	企業（法人） 家族農業経営体
生産者グループによる経営	非企業（非法人） 生産者集団農業経営体	企業（法人） 生産者集団農業経営体

注）本文では表記の簡略化のために，農業経営体を経営体と表記している。
出所：筆者作成。

他方，家族経営体は，誰が資本や土地などの生産要素を所有し，事業を経営しているかという観点からみたときの概念であり，家族により所有・経営されている経営体である。その対立概念は，家族ではない農業者グループによって所有・経営されている経営体である（生産者集団経営体）。例えば，これには，畜産にみられるような数人の生産者の共同経営や，あるいは水田を使った水稲作や麦・大豆作などを，集落を単位にして集落構成員農家の集団で営む集落営農が含まれる。以上の「家族経営体」と「生産者集団経営体」とでは，経営の意思決定の仕方などが大きく異なる。この両者は表３‐１の上半分と下半分に分かれる。

以前は，家族経営体はもっぱら生業タイプがほとんどだったので，これを単に家族経営体とよんでも差し支えなかったし，それは企業ではないので，家族経営体と企業体を対立概念ととらえても問題はなかった。しかし，家族が資本を出資して農業経営体を創設し，家族がそれを経営するようになると，家族経営体は企業タイプの範疇にも広がり，２つの概念は重なる。

以上のように，企業形態の全体をとらえるには，表３‐１に示したように，母体の世帯経済内で営まれている経営か，母体経済から分離・独立した経営かという軸と，誰が生産要素を所有し，経営しているかという軸と，２つの軸でとらえることが必要である。このようにして現実をとらえると，家族経営体，生産者集団経営体はともに，非企業タイプから企業タイプの領域まで広がっており，大きく４つの基本類型でとらえることができる。「家族経営体」の限界，可能性というときに，非企業タイプについていうのか，出資により企業体を創設して家族や同族で経営するタイプまで含めていうのかでは，大きな違いを生む。また，第３節でみるように，非企業タイプの家族経営体も同質ではなく，大きなタイプの違いがある。そのどれをみるのかにもよる。

なお，以上の他にも，誰が所有・経営しているかという点からとらえたときには，農業協同組合，地方公共団体などが経営する農場もあり，それらはいずれも法人である。また，農業以外の事業を営む企業が農業を始める場合もあり（農外資本の農業参入とよばれる），それは農外企業が経営する企業（法人）タイプになる。本章では，主に上記の4つの基本類型を扱い，その他の類型は必要に応じてふれるのにとどめる。

3．統計データからみた農業経営体の基本類型の状態

「農林業センサス」では，2005年から，農業経営を営むものの全体を「農業経営体」としてとらえ，調査対象にしている。それは「家族経営体」と「組織経営体」に分けられ[4]，さらにそれぞれ法人，非法人にも区分されていたが，2020年「農林業センサス」から「個人経営体」「団体経営体」に分けられるようになった。「個人経営体」とは，「個人（世帯）で事業を行う経営体」を指し，法人を含まない（本章の非企業／非法人タイプの家族経営に相当する）。「団体経営体」は，「個人経営体でない」ものを指す（法人の家族経営体が含まれるが5％に満たず，ほぼ本章の「生産者集団経営体」に相当する）。

2000年から2020年までの推移を表3-2に示した。この期間中，家族経営体あるいは個人経営体が，全体の96％以上を占めるが，2000年以降5年間でおよそ30万経営体ずつ激しく減少している。一方，組織経営体もしくは団体経営体はまだ少ないが，増加しており，農業経営体に占め

4）2000年までは，農業を営む者は，「販売農家」（経営耕地面積が30a以上，または調査期日前1年間の農産物販売金額が50万円以上の農家をいう）「農家以外の農業事業体」「農業サービス事業体」に区分してとらえられていた。「家族経営体」は，ほぼ「販売農家」に対応するが，一部「自給農家」（農産物を生産しても販売せず自家消費にあてる農家）が含まれる。「組織経営体」は，「農家以外の農業事業体」「農業サービス事業体」をあわせたものに相当する。農業経営体は，経営耕地面積30a以上，作物の作付・栽培面積，家畜飼養頭羽数が一定基準以上，農作業の受託のいずれかの事業を行う者とされる。

表３－２　家族経営体／個人経営体，組織経営体／団体経営体別にみた経営体数の推移

（戸）

年次	組織経営体／団体経営体					家族経営体／個人経営体			自給農家（非販売農家）	土地持ち非農家
	合計	法人	うち集落営農	非法人	うち集落営農	合計	法人	非法人		
2020	38,206	30,707		7,506		1,037,231	－	1,037,231	719,187	
2015	32,979	22,778	3,622	10,201	7,245	1,344,287	4,323	1,339,964	825,491	1,413,727
2010	31,008	17,069	2,000	13,939	12,000	1,648,076	4,558	1,643,518	896,742	1,374,160
2000	18,096					2,336,909	7,914	2,328,955	783,306	1,097,455

注）2000年の組織経営体数は，農家以外の農業事業体10,554（うち法人6,124，非法人3,458）と農業サービス事業体7,542をあわせたものである。2000年の家族経営体数の合計と法人，非法人の合計が一致しないが，公表データのままとする。2020年から，団体経営体，個人経営体（世帯による経営）の区分となり，前者には法人家族経営体を含み，個人経営体には法人は含まない。

出所：農林水産省「農林業センサス」各年次。

るシェアは2000年の0.8%から，2020年には3.6%へと上昇している。

法人の比率は，2020年以降は，統計区分上，家族経営体，非家族経営体の別に公表されなくなった。農業経営体全体に占める法人の比率は2020年には2.8%になっている。その具体的な形態は，農事組合法人（7,329），会社（19,977），農協など団体（2,076），その他（1,325）である（2020年）。2015年からの変化をみると，農事組合法人，会社はいずれも1.2倍に増加し，団体は約60%に減少している。会社は，株式会社が95%を占めるが，合同会社がやや増えている。

「個人経営体」と「団体経営体」それぞれについて，農業従事者数や雇用労働力，経営耕地面積，経営部門の状態をみておきたいところであるが，この教材の作成時にはまだ2020年「センサス」の細部のデータが公表されていない。そこで2015年「センサス」の数値をもとに，「家族経営体」「組織経営体」についてごく簡単にまとめておくことにする。

「家族経営体」は非法人がほとんどであるが，「組織経営体」は法人が多い（表3-2）。

「組織経営体」から先にみると，その数は少ないが，2015年には48.5%が臨時雇いを雇用し，42.7%が常雇いを雇用しており，常雇いの平均雇用人数は8.6人であった。そして1経営体当たり16.2haの経営耕地を保有していた。

他方，「家族経営体」で，臨時雇いを雇用するのは20.4%であり，常雇いを雇用するのは3.0%にとどまっている。1戸当たりの経営耕地面積は平均2.2haであった（いずれも2015年「農林業センサス」）。

このように，組織経営体は企業タイプが多く，雇用を導入し，経営規模も大きい。一方，家族経営体は家族による労働を基本としており，経営規模は小さいことがわかる。それでも家族経営体の経営規模は大きくなってきており，法人形態をとる50ha，100haの経営も各地にでてきている。

4．家族経営体と生産者集団経営体の変化と特徴をさらにみる

農業経営体の範疇について公表されている統計データからわかることは限られているが，それでも家族経営体と組織経営体（生産者集団経営体）には相当の差があり，また，それぞれ耕地面積規模にもかなりの幅があるなど，同質ではない状態が浮かび上がった。そこで，概念的な整理にはなるが，幅の広がりを企業形態の詳細としてカテゴライズしてとらえ（表３‐３），それぞれについて解説する。

（1）世帯経済内経営としての家族経営体の変化：伝統的経営から現代的経営へ

世帯経済内経営は生業であり，世帯の所得獲得機会の一部である。その典型は，家族世帯の所有する土地と資本と家族労働力だけをもとにして経営するタイプである。このタイプが家族経営体の原型であり，「伝統的家族経営体」（A‐1）とよぶことが定着している（表３‐３）。

しかし，今日，耕種や畜産を問わず，販売を目的とする農業経営体のほとんどは，主要生産要素（農地，資本／生産財，労働力）やその用役を市場から調達している[5]。日本では，とくに，所有耕地面積が小さいので，家族だけで経営し労働する場合も，かなりの耕地を借りたり，経営や作業を受託することによって事実上経営する面積を拡大することが多い。もちろん雇用を導入することもある。このようなタイプを「現代的家族経営体」（A‐2）とよんでおきたい。

さらに，要素や用役を市場から調達して，経営の規模が大きくなる

5）要素を購入する場合と借入する場合とがあり，前者は所有権を移転するので要素の調達といい，後者は要素を使用する権限を得るので用役の調達という。

表3－3　代表的な企業形態と農業経営体の分布範囲

		←未分離　<経営体と世帯経済の関係>　分離→					
		非企業体（人的結合体：出資資本にもとづかない） 母体世帯経済内経営			企業体（資本的結合体：出資資本にもとづく） 母体世帯経済からの経営の分離		
		伝統的経営	現代的経営		人的信用基礎		資本的信用基礎
		1. 伝統的経営 家族労働力・世帯所有の土地・資本の3位一体	2. 現代的経営 生産要素（労働力，土地，資本）の市場調達	3. 現代的自律的経営 生産要素の市場調達＋大規模化，世帯からの自律性	4. 人的集団企業 少数の起業者の機能資本の結合	5. 混合的集団企業 機能資本＋少数の持ち分資本の結合	6. 資本的集団企業 機能資本＋広範囲の持ち分資本の結合
誰が所有・経営するか	家族同族経営（血縁集団）	A-1　伝統的家族経営体	A-2　現代的家族経営体	A-3　現代的自律的家族経営体	A-4　家族同族経営企業体	（A-5　家族同族経営企業体）	（A-6　家族同族経営企業体）
	生産者集団経営（非血縁）	B-1　伝統的生産者集団経営体		B-3　機能的生産者集団経営体	B-4　生産者集団経営企業体	（B-5　集団経営企業体）	（B-6　集団経営企業体）

注）表中の5，6の斜線は，家族経営，生産者集団経営の発展形としては現実にはあまり存在しないことを示している。

出所：新山陽子「「家族経営」「企業経営」の概念と農業経営の持続条件」『農業と経済』2014年9月号より，一部修正のうえ転載。原資料は，人的結合，資本的結合（人的信用基礎，資本的信用基礎と各集団企業）による。企業形態の整理は，占部都美『企業形態論』白桃書房，1983年による。その他は，新山陽子『畜産の企業形態』日本経済評論社，1997年を修正。企業的経営を現代的経営とし，2と3に分けている。

表3-4　家族経営体の経営目標，経営管理の特徴

タイプ	A-1　伝統的家族経営体	A-2　現代的家族経営体	A-3　現代的自律的家族経営体	A-4　家族同族経営企業体
経営目標	世帯の所得追求～非経済的目標（楽しみ）	世帯の所得追求	世帯の所得追求	資本収益原則
経営管理	経営と家計の未分離	←――――→	経営と家計の分離	経営体会計の確立（世帯との貸し借りが残る例も）～資本計算単位の確立
	経験的技術	←――――→	計数的管理，投入産出の明確化	計数的管理～進行管理の導入
	家族関係に依存した役割分担	←――――→	職能にもとづく分業	指揮管理と作業労働の分離
その他	農地，資本が相続にもとづいて直系家族に委譲される			株式が相続される

注）A-4の「畜産の企業経営」の具体例は，新山陽子『畜産の企業形態と経営管理』を参照されたい。事例のかなりは発展を遂げ，現存することを確認している。
出所：経営構造，経営管理の特徴は，新山陽子『畜産の企業形態』日本経済評論社，1997年にもとづく。企業的経営を現代的経営とし，2と3に分けた。

と，その管理や会計単位の自立性が高まり，それは，世帯に対して経営の自律性を高める。この状態になっているものを「現代的自律的家族経営体」（A-3）とよんでおきたい。

これらの経営目標や経営管理の違いをみておこう（表3-4）。まず，以上のどのタイプも，農業経営は世帯の所得獲得機会の一部であることに変わりない。そのため，これらの経営の目標は，所得（家族の生計費）の確保におかれる。経営純収益（販売収入から経営費を差し引いた残余）が，世帯の所得となることは共通する。他方，経営管理システムにはかなりの違いがある。「伝統的家族経営体」は，農業経営の会計と生計が未分離であり，農業は経験的技術に依存し，役割分担は家族関係に委ねられる。「現代的自律的家族経営体」は，農業経営会計と家計は分離され，親から熟練技術を受け継ぎながらも計数管理が行われるようになる。「現代的家族経営体」はその中間にある。

（２）生産者集団経営の変化：伝統的協業経営から現代的機能的経営へ

家族でない生産者集団による農業経営体は，農業に特徴的な企業形態である。日本ではとくに，集落という地縁集団で営む集落営農がその代表例の１つである。かつては，集落全農家が出役して，全農家の農作業を共同で行う協業経営が多く存在した（伝統的生産者集団経営体：B-1，表３-３）。現在は，構成員は全農家でも，オペレーターグループをつくって，高齢化や兼業で管理できなくなった構成員から委託された分についてのみ機械作業を行うことが多い。構成員組織と管理・作業組織が分けられ，機能集団化している（機能的生産者集団経営体：B-3，同表）。畜産でも，かつては経営を完全協業で行う例がかなり存在した（伝統的生産者集団経営体：B-1，同表）。また，数人の生産者が，自己の経営とは別に共同経営を行う例がかなりある。これらは，規模にかかわらず，世帯経済からの自律性が高い（機能的生産者集団経営体：B-3，同表）。協業経営の創設は，1960年代に政策的に促進された。集落営農は高齢化や兼業の深化にともなって農業従事者が減少した西日本で生まれた方式であるが，その後，政策的に促進され全国に広がった。

伝統的生産者集団経営の経営目標，経営管理は，伝統的家族経営と共通する（表３-５）。経営管理においては，多人数の意思を調整して意思

表３-５　生産者集団経営の経営目標，経営管理の特徴

タイプ	B-1　伝統的生産者集団経営体		B-3　機能的生産者集団経営体	B-4　生産者集団経営企業体
経営目標	構成員農家の所得追求		経営純収益の追求	資本収益原則
経営管理	経営体会計の未確立		経営体会計の整備	経営体会計の確立
	経験的技術		計数的管理，投入産出の明確化	計数的管理～進行管理・総合管理の導入
	分業の未確立		職能にもとづく分業	指揮管理と作業労働の分離，経営組織の形成

注）B-4の「畜産の企業経営」の具体例は，下記の新山著を参照されたい。事例のかなりは発展を遂げ，現存することを確認している。B-4は農事組合法人から発展したタイプが多い。
出所：経営構造，経営管理の特徴は，新山陽子（1997）『畜産の企業形態と経営管理』日本経済評論社にもとづく。企業的経営を現代的経営とし，２と３に分けた。

決定しなければならないという特徴があり，うまくいかないケースも少なくなかった。他方，生産者集団経営体でも，複数の経営者間で意思決定が必要なことは同じであるが，逆に機能集団に徹した場合は，家族的な関係とは異なる機能的な関係によって組織づくりや作業管理を行うことができ，大きく発展する例も多い。経営体会計は独立しており，係数的管理・予算統制，職能にもとづく分業が行われていることが多い。

（3）企業タイプ：人的信用基礎にもとづく家族同族経営企業体，生産者集団経営企業体

企業タイプの経済的性質にも大きな幅がある。多くの人が企業体の典型イメージを，株式を株式市場に上場するような企業においているのではないだろうか。このような企業は，株式を市場で公募し，資本を不特定多数から調達するので，広範囲な資本が結合し（資本的集団企業），資本所有者同士の関係は資本的な信用のみを基礎にしたものである（占部 1983）。しかし，このようなタイプは食品企業でさえ意外に少ない。

企業体は出資資本が基礎になるので資本結合体であるが，事業を起こすことを目的にした者たちだけが出資して創設したり（人的集団企業という），それに配当を目的にした出資が少し加わっても（混合的集団企業という），出資者は互いに知った者の範囲なので，これらの資本結合は人的な信用を基礎にしたものととらえられる（占部 1983）[6]。

6）食品企業でも，人的集団企業であり，創業家やその一族が資本を所有し，事業を経営する「家族同族経営企業体」（A-4，表3-3）が多い。京阪神にある創業100年・200年企業のように優良な企業も多い。資本的集団企業（株式公募企業）にも，株式の多くを家族・同族がもつ，家族同族経営企業体（A-6，同表）が多い。また，機能集団による集団経営企業体（B-6，同表）も，もとはA-6の経営が創業家の手から離れたケースが多い。創設時から機能集団であるようなB-6は，協同組合起源の企業などに限られる。欧州では，協同組合企業が食品企業の上位に位置する。また，穀物メジャーのように巨大な超国籍企業でも株式非公開の同族経営である。企業体になると1家族だけでなく同族が出資・経営を行うことがでてくるので，類型の名称を家族同族経営企業体とした。

法人化された企業タイプには，水稲，畜産が多いことを先にみた。水稲の法人は，集落営農の安定と発展のために出資型に組織替えされたものがほとんどであろう。畜産では，生産者集団経営体から発展したものが多く，会社形態だけでなく，農事組合法人の形態をとるものも多い。これらの農業生産者出自の企業体を「生産者集団経営企業体」(B-4，表３-３）とよぶことができる。大型経営でも，株式が上場される例はほとんどなく，ほぼ人的集団企業にとどまっている。

これらは出資資本をもとにした経営なので，経営目標は資本収益を考慮することになる。経営管理においては，会計管理が確立し，畜産では進行管理や総合管理も取り入れられ高度に発展しているケースが多い。その管理の詳細は新山（1997）を参照されたい。また，指揮管理労働と直接作業労働が分離し，部門や班が設けられ経営組織が整えられる（表３-５)。

一方，家族経営体が企業タイプをとるケースは，まだ多くはないが，若い経営者には増えてきている（「家族同族経営企業体」A-4，表３-３)。生産者集団経営企業体ほど，労働力や経営の規模が大きくないので，経営管理や経営組織の高度化はみられないが，経営の自律化や周囲に対する信用を高めようとする意思が強くみられる。

家族同族経営体は，企業タイプでも，経営管理上に家族関係を持ち込みやすく（表３-４)，経営管理においては機能的生産者集団経営体の方が優れている面がある。しかし，家族同族経営体でも永続的企業が存在していることからみると，経営が洗練され，経営管理は高度化することは可能だといえる。

5．家族経営体の優位性・限界はどのように検討できるか

企業形態のどのタイプにも長短がある。企業タイプになるほど優位性が生まれるとはいえない。これまでにみたように，「家族経営体」の長短，優位性や限界を論じるとき，どのタイプの何について，また，どのタイプと比べるかを定めてかかることが大切である。以下，3つの側面から優位性と限界を検討してみよう。経営管理については，すでに前節で各類型について説明しているので，そちらを参照されたい。

（1）経営規模と企業形態

経営規模と企業形態の関係には，傾向はあるが，絶対的なものではない。規模を拡大しようとするとき，生産要素の所有量を増やすことができて，労働節約的な技術革新が進めば，伝統的経営体で存続できる規模は上昇する。日本では，農業経営体の所有農地の拡大が進まず，貸借や受委託により農地用役を外部調達し，また，かなりの外部資金を導入するので，規模を拡大すると企業形態は現代的経営体に移行する。さらに，経営の規模が大きくなると，経営管理上，会計上，母体農家経済からの自立が進むので，経営管理の面から，企業形態は現代的自律的経営体に移行する。このようにあくまで規模の拡大にともなって，企業形態が変化するのであって，その逆ではない。経営をさらに自律化するために，農家世帯経済から経営を分離し，出資にもとづき経営を創設する選択がされるが，現実にはこの選択は農業生産規模の拡大だけではなく，家畜のと畜・解体や加工品製造，製品販売，レストランなど事業分野の拡大がきっかけになることが多い。

企業タイプに移行しても，その目的が法人格の獲得に過ぎない場合は，経営の規模，経営管理のレベルともに，低いことは往々にしてあ

る。欧米では農地所有規模が大きく，他事業への展開は少ないので，企業タイプには移行せずに，非企業タイプの伝統的経営体や現代的経営体で経営の自律性を高めているケースが多いのではないかと考えられる[7]。

（２）効率性と規模，資本力

規模はどこまでも大きい方がよいとはいえない。規模の経済性[8]があるときには，最小最適規模に近い方が技術的効率性を達成し，コスト面での有利性を実現できる。しかし，最小最適規模を超えると非効率になり，コストが上昇する。最小最適規模は，どこまでも上昇するものではない。その理由として，①技術進歩を超えることはできないこと，②農業は生産物が生物であり，生産工程は生物の成長に依存すること，さらに，③日本では平坦な地形が少ないため，１つの農場の規模が制約され，規模を拡大するほど分場が増えてしまい，これらの結果，時間と空間の集約度に限界があること，があげられる。最小最適規模がそれほど大きくなければ，資本力のある農外企業が参入しても，農業内部の現代的家族経営体と比べてさえ，有利性は出ない。一般に，工場単位では規模の経済性が発現しても，企業単位では発現しないことが多いとされる（つまり，工場の数が増えても規模の経済性は発揮されない）。

また，最小最適規模は経営がめざすべき規模であって，それに達しなくても社会的に適正な品質と生産の効率が確保されていれば，その規模や経営のタイプは社会的に十分望ましいとみるべきである。

（３）リスク対応，経営者能力，資本力

農業では，非企業タイプの方が，リスクの吸収力が高いかもしれな

７）農業法人が経営体の約３割を占めるフランスでは，経営継承をスムーズにするために親子による家族・同族経営がその大半を占め，法人形態もそのために用意されている。

８）規模の拡大によって高い効率をもつ技術の導入が可能になり，生産物当たりの費用が逓減する効果をいう。費用が最小となる規模を最小最適規模という。

い。企業タイプは複数の経営者をおけて，経営者能力を高めやすい。しかし，企業タイプにおいては，労働が賃労働であるため，市場条件が変動し，原料価格の上昇や生産物価格の低下が起こり，損益が悪化しても，賃金支払いを減じることはできず，簡単に解雇できないので労働力数を短期に調整できない。そのため倒産へのバッファ（緩衝帯）がない。さらに，事業多角化は収益の機会が増えるが，あらたな未経験のリスクをかかえることになる。極めて高いリスク対応能力がないと企業タイプは存続できない。他方，非企業の家族経営体の場合は，経営の収益構造上，家族労働報酬は収入から支払い費用を差し引いた残余のなかに含まれるので，切り詰めることができ，それが減少してもただちに経営解体にはならない。これは非企業の家族経営体の強靱性であるが，諸刃の剣でもあって，それが恒常化すると自己搾取といわれる状態になる。

食品企業でさえ，資本力が大きい方がリスクへの対応が有利だとは一概にはいえない。株式上場企業は，株式相場の変動自体が強いリスク要因になる。1円の上下が経営に甚大な影響をもたらし，経営者のコントロールが及ばないところで経営の動向が左右されるのである。

6．むすび

農業経営体が多様化した姿をできるだけ概念的に，また統計データからもとらえ，特徴をまとめた。最後に検討したように，農業にとっての企業形態の長短は一概にはいえない。しかし，少なくとも，効率が生物生産の特質に依存することから，技術的効率性は有限であり，非企業の現代的家族経営体には優位性が認められそうである。ある程度効率的な規模を実現できれば伝統的家族経営体にも優位性はあるだろう。また，企業タイプについても，農業分野では人的信用基礎にもとづく人的集団企業が適していると認められる。日本では，農業政策上，法人化という形で，企業体への展開を奨励しているが，それには高度な経営者能力を必要とし，リスクも高まるので，自らの選択に任されるべきであり，政策で奨励することは避けるべきであろう。

以上の企業形態をめぐる状況にもかかわらず，日本では現代的家族経営体の存続が困難であるが，その原因は企業形態にではなく，企業形態を超えて，経営側では裁量が困難な経営環境条件にあると考えられる。それについては，第 4 章の検討に委ねたい。

追記：各企業形態のとらえ方，経営管理の特質は新山（1997，2014，2020）をもとにしている。

《**キーワード**》 農業の企業形態，家族経営体，生産者集団経営体，企業体，経営管理

学習課題

1．農業経営の企業形態は多様化している。どのような企業形態があるか，それらはどのような特徴をもつか，整理してみよう。
2．現代的家族経営体の優位性は何か，どこに限界があるか，企業タイプとの比較や農業生産の特性をもとにまとめてみよう。

参考・引用文献

・新山陽子（1997）『畜産の企業形態と経営管理』日本経済評論社
・新山陽子（2014）「「家族経営」「企業経営」の概念と農業経営の持続条件」『農業と経済』第80巻第８号，5-16頁
・新山陽子（2020）「「家族経営」「企業経営」の概念と農業経営の持続条件」新山編著『農業経営の存続，食品の安全』昭和堂*
・占部都美（1983）『企業形態論』白桃書房

◎さらに深く学習したい人には，＊の図書をお薦めします。

〈コラム〉

農業従事者数の激減，耕作放棄地の増加

基幹的農業従事者は，60歳以上が６割近くを占めるほど高齢化しており，高齢者のリタイアにより，2010年から15年に約30万人，15年から20年に約39万人の減少があった（補図１）。その結果，2020年の基幹的農業従事者は136.3万人に減少したが，10年後の2030年には96万人ほどに減少する可能性があり，抜本的な対策が求められよう。

また，2015年には総農家数217万戸のうち，約83万戸は農産物を販売しない農家であり（統計上「自給農家」とよばれる），さらに，「農林業センサス」では農家に数えられない約141万戸の土地持ち非農家（農地を持っているが耕作していない）が存在する（本文表３-２）。加えて，耕作放棄が広がっており，これら農家の３割から４割以上の農地が耕作されていない。近年は耕作放棄地のある販売農家の数は少し減少したが，耕作放棄地面積は増加している（補図２）。発生理由には，高齢化・労働力不足，土地持ち非農家の増加が多いが，農産物価格の低迷もあがっている。すでに耕作放棄地となったところは，再生可能なところとそれ以外とを評価して，対策を講じる方法がとられている。

補図１　基幹的農業従事者の年齢分布の変化（販売農家）

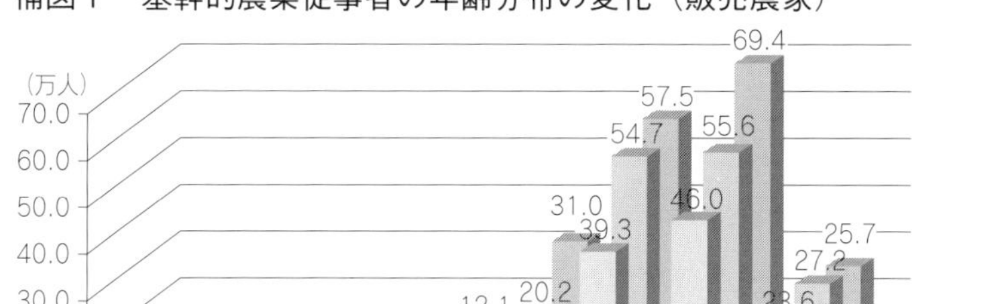

注）「基幹的農業従事者」とは，普段仕事として主に農業に従事している者。総数は，2010年に205.1万人，2015年に175.4万人，2020年に136.3万人となった。図中の数値は四捨五入しているので，合計値とは一致しない。
出所：「農林業センサス」各年次による。

補図２　耕作放棄地の状態

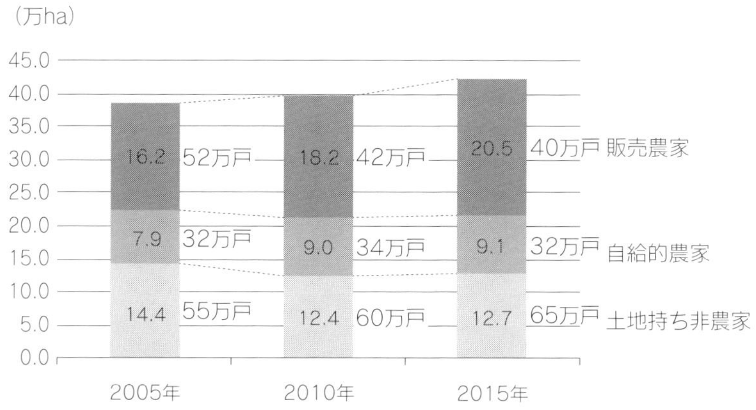

出所：「農林業センサス」各年次による。

4 農業経営の存続と市場

新山陽子

1. はじめに

農業のような人々の生命と健康の維持に不可欠な生産物を供給する産業は，社会的に適正な効率を達成していることを前提にして，存続できる条件が整えられることが，人々の福祉にとって不可欠である。例えば，そのような条件が整っているかどうかのメルクマールの1つとなるのが，平均的なコストで生産している農家階層の経営が存続できる状態にあるかどうかである。しかし，現在の日本ではそのような状態にないほど農業経営は厳しい状態に置かれている。

農業経営の存続は，経営の努力によって獲得される技術や経営効率によるところが大きいが，農業は人間の意思で自在には成長をコントロールできない植物や動物を相手に生産しているために，生産効率の追求には限界があることを先にみた（第3章第5節）。一方，農業経営体は，図4‐1に示したように，多くの生産要素を市場から調達し，生産物を市場に販売しているため，市場における生産要素の価格と生産物の価格の変動が経営の収益に大きな影響を与える。経営の存続は，経営の費用と収入の両面で，自らはコントロールできない外部環境である市場の影響を強く受ける（図4‐1）。

このように農業経営体は，内的にも外的にも，経営の努力によるコントロールが難しい要因をかかえている。この章では，以上のような状態を考慮に入れて，農業経営の存続可能性を検討し，問題を外的な市場と

図４－１　家族農業経営体の内部構造と外部環境との関係

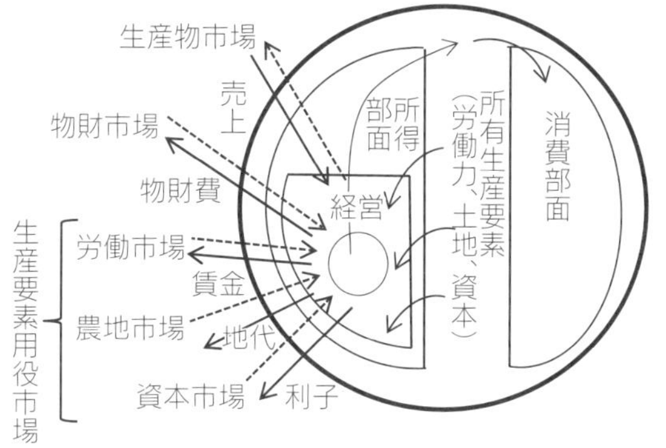

出所：大槻（1977）の概念図を参照し，筆者作成。

の関係から論じたうえで，存続の課題を示す[1]。

2．現代的家族経営体の存続領域を狭める市場環境：最小最適規模と最小必要規模

まず，存続可能性をとらえるための分析枠組みを検討しよう。最も効率的な事業規模である「規模の経済」上の「最小最適規模」と，農業経営の存続の最低条件となる「最小必要規模」との関係からとらえてみよう。

「規模の経済」とは，規模の拡大によって高い効率をもつ技術の導入が可能になり，生産物当たりの費用が逓減する効果をいう。長期費用曲線[2]の費用が最小となる規模を「最小最適規模」とよぶ。規模の経済性

1）内的な困難は動植物の生理的プロセスによるため，技術を通して挑戦される。技術をどのように使うかは個々の経営の工夫と努力だが，技術の開発には農家の経済ではまかなえない資金がかかる。食料の安定供給という公共性の見地から，第２章でみたように，公共団体の試験場などで品種改良や，栽培方法・飼育方法の改良に取り組まれる。経営体が所有している動植物は経営の内部にあり，生産上の働きかけは経営内的なプロセスであるが，動物，植物それ自体は自然界由来のものであり，完全に個々の経営内部に抱え込まれているわけではなく，社会的な存在である。

2）規模によって効率の異なる技術を用いたとき，それぞれの短期費用曲線の費用が最低となる点を結んだ包絡線が長期平均費用曲線である。

があるときには，この規模がめざされ，この規模まで生産が拡大する。この規模を超えると非効率となり，費用が上昇するととらえられている。第３章第５節でみたように，生物を対象とする農業では，規模の経済には制約が大きい。

一方，経営を永続するには，繰り返し生産が行えるよう，販売収益で生産要素を繰り返し調達できなければならない。農業経営体のように小さい経営の場合，それは，最も希少な要素の調達力に左右される。つまり，経営の永続は，最も希少な要素の調達費用がまかなえるかどうか，それだけの収益が実現できるどうかにかかっている。その稀少要素１単位の調達を実現できる規模が，経営存続の「最小必要規模」となると考えられる（新山 1997，2020）。

かつては，農家の所有農地が零細であり，農地が希少生産要素であった[3]が，今は農業専従労働力（また後継者）が希少になっている。労働市場が発達し，農業後継者の就業機会選択の自由度は高いので，農業が選択されるには，少なくとも他産業の平均賃金水準に相当する労働報酬（農業所得）を確保できることが必要であり，それを実現できる規模が，経営存続の最小必要規模となっていると考えられる。

存続の最低要件である「最小必要規模」よりも，めざすべき「最小最適規模」が大きい状態でなければならず，この２つの規模の間が無理のない経営存続可能領域である。この領域が広い方が経営の存続可能性は高いといえる（図４-２）。ここで経営環境の変化が及ぼす影響をみよう。経営の収益は，経営効率だけでなく，生産物や経営要素の価格水準に依存する。技術的には効率的で適正な規模を実現していても，生産物価格水準の低下や要素価格水準の上昇が起こると，それだけで収益は減少し，労働報酬は低下する。１人当たり労働報酬は全階層で低下するこ

3）１単位の追加的な農地を調達できるだけの収益（単位面積当たり収益）をあげられるかどうかが，経営の成長と縮小を分ける指標とされた。現在では，農家の高齢化や兼業化のため，耕作する者がおらず，貸し付けを希望する農家が増え，農地は余っている。

図4－2　最小最適規模，最小必要規模と経営の存続領域

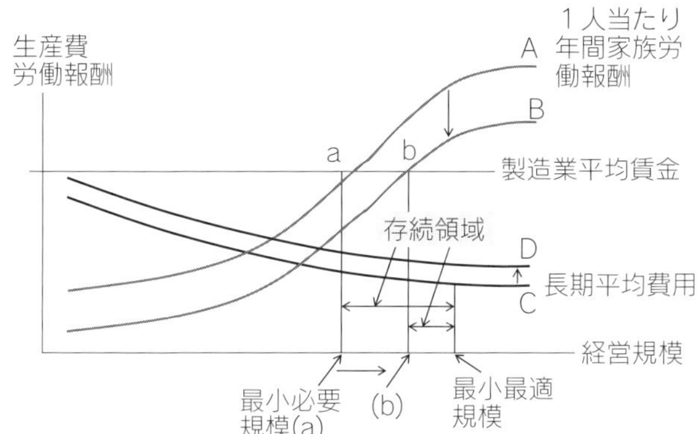

注）長期平均費用曲線によって，技術と生産物単位当たり費用の観点から導き出される最小最適規模と，１人当たり労働報酬および製造業平均賃金から導き出される最小必要規模とについて，経営規模のスケール上で両者の関係をとらえられるように１つの図にまとめたものである。

出所：新山（2020）を一部修正。

とになる（図４‐２のＡからＢへ）。その結果，他産業均衡所得水準（図のａからｂへ）を満たす最小必要規模は上昇してしまい（図の(a)から(b)へ），経営の存続可能領域は狭くなる。長期平均費用曲線は要素価格水準が上昇すると上にシフトするが（図のＣからＤへ），技術体系が変わらない限り曲線の形は変わらないので，最小最適規模も変わらない。

日本の農業経営は，このような状態に直面していると考えられる。技術的には効率的でも，経営存続に必要な後継者が確保できる他産業均衡所得水準を満たす「最小必要規模」の実現が困難になっている可能性がある。次節でこの点を検討してみよう。

3．農業経営の最小必要規模の変化と存続領域

実は検討できるデータがある部門がほとんどない[4]。そこで，まず酪農を取り上げ，少し前になるが問題が明瞭にあらわれた時期を対象に検討する。市場環境が改善されない限り，同じ状況に直面すれば同じ問題が発生するので，過去を分析することは意味がある。

酪農では，2006年まで搾乳牛80～100頭規模層で１人当たり家族労働報酬が製造業平均賃金を超えていたので，この規模層で最小必要規模に達していた（図４‐３a）。一方，規模別の費用からみると，100頭層かそれ以上の層が最小最適規模に相当しそうであった（図４‐３b）。その間が存続可能領域であったとみることができる。しかし，2008年には，100頭以上層でさえ，１人当たり労働報酬が製造業平均賃金を大きく下回っ

図４‐３a　酪農の年間１人当たり家族労働報酬と製造業平均賃金

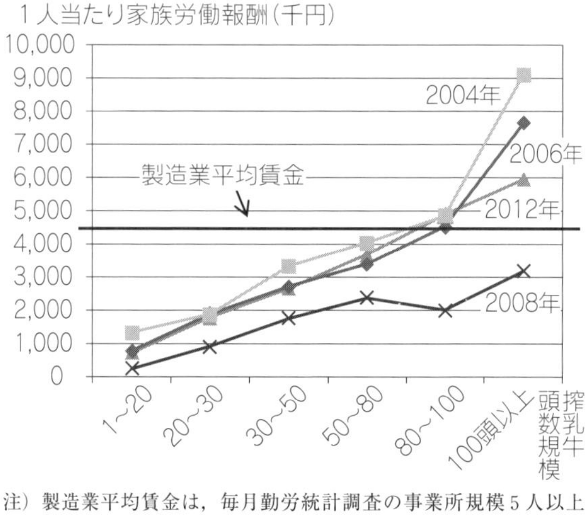

注）製造業平均賃金は，毎月勤労統計調査の事業所規模５人以上の月額をもとにおよそ450万円とした。
出所：新山陽子（2020）より転載。原資料は「畜産物生産費調査」。

4）生産費用と労働報酬の関係をみるには，生産費調査が行われていることが必要だが，調査品目が少ない。規模別にデータが得られるのは，米，麦類，牛乳，子牛，肥育牛各種類，肥育豚のみである。

図4－3b　酪農の生産費用合計

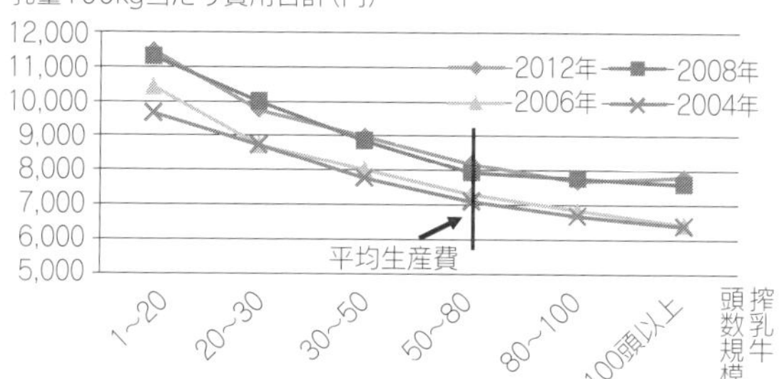

出所：図4－3aに同じ。原資料は「畜産物生産費調査」乳脂肪分3.5%換算乳量100kg当たり費用合計。

図4－3c　牛乳小売価格と生産者乳価，生産費の推移

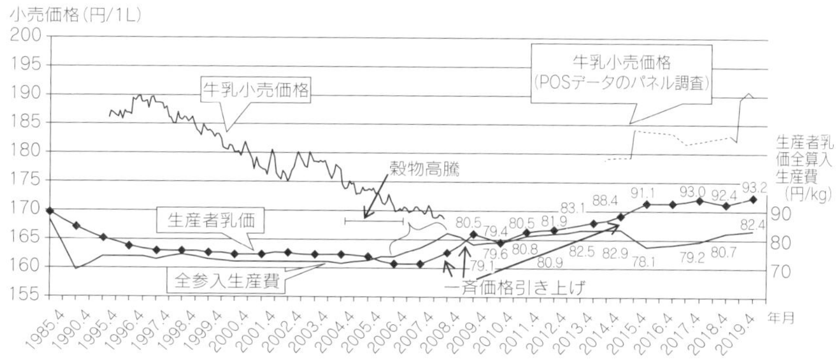

注）kg当たり全参入生産費，生産者乳価は乳脂肪分3.5%換算乳量で算出。2009年からの図中の数値は，上が生産者乳価，下が全参入生産費。

出所：新山（2020）を改訂。小売価格は農畜産振興機構「小売価格の動向」（普通牛乳月別POSデータ）など，生産費は農林水産省「畜産物生産費調査」より算出。

た（図4－3a)。悪化の原因の第一は，牛乳価格の低下である。小売価格の急激な低下にあわせ，生産者乳価が低下し，2005年には平均生産者乳価が平均生産費をカバーしなくなっている（図4－3c)。社会的に平均的な効率の階層で，赤字に陥るようになったことになる。加えて，原

図４－４ａ　水稲の家族１人当たり年間労働報酬と製造業平均賃金

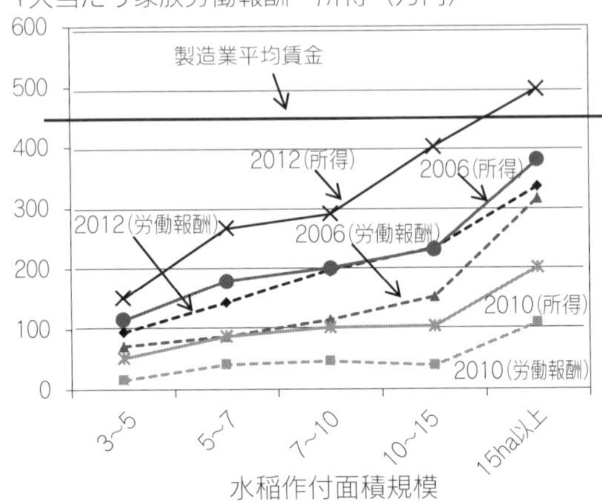

注）製造業平均賃金は，毎月勤労統計調査の事業所規模５人以上の月額をもとにおよそ450万円とした。所得は，2006年度は稲作基盤確保対策等，2012年度は戸別所得補償制度の給付金を主産物価格に加えたもの。

出所：図４－３ａに同じ。原資料は農林水産省「農産物生産費調査」。

因の第二は，飼料など生産費の上昇を生乳価格に転嫁できないことにあった。2006年後半から08年には，国際穀物相場の高騰によって，飼料価格が上昇し，生産費が大きく増加したが，生乳価格は上がらなかった(図４－３ｃ)。このため，酪農経営は大きな赤字をかかえ，危機に陥ったため，農林水産省から関係産業に理解を求め，ようやく2008年３円／kg，2009年８円／kgほど，生乳価格が引き上げられた。これは実に30年ぶりの引き上げであった。それでもその後また低下傾向になり，再度の呼びかけにより2014年の引き上げで110円／kgまで生乳価格が持ち直した。生産費も下がり利益がでるようになったが，近年再びトウモロコシ相場や原油価格の値上がりにより，生産費が上昇してきている。

同時期の米をみると，15ha程度層かそれ以上に最小最適規模がありそ

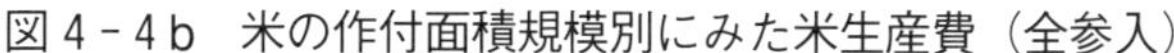

図4－4b　米の作付面積規模別にみた米生産費（全参入）

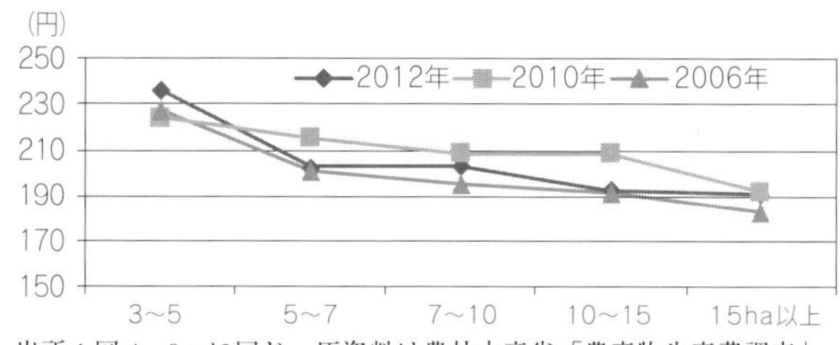

出所：図4‐3aに同じ。原資料は農林水産省「農産物生産費調査」。

図4－4c　米の小売価格と生産者価格，生産費の推移

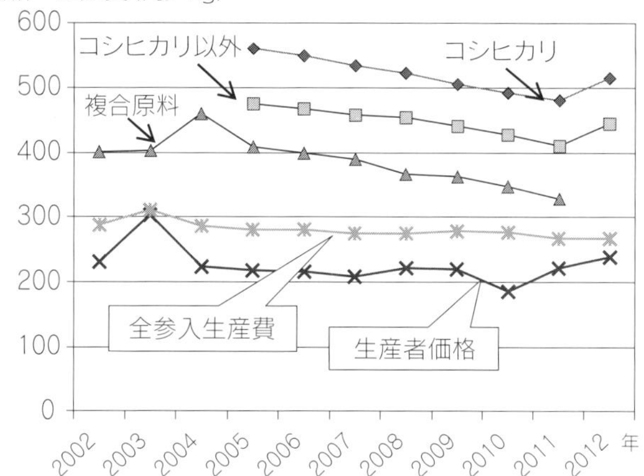

注）上部の3つは，東京都区部の米の小売価格。

出所：図4‐3aに同じ。原資料は全参入生産費，生産者価格は，農林水産省「農産物生産費調査」より算出，小売価格は総務省「小売価格調査」

うであるが（図4‐4b），生産費調査では15ha以上の階層区分がされていないため，データではとらえにくい。他方，1人当たり家族労働報酬からみると，少なくとも生産費調査の規模範囲では，どの規模層も最小必要規模には達していない。給付金を含む所得でみたとき，ようやく上

位の規模層がそれに達する年がある程度である（図4 - 4 a）。このような状況からすると，生産規模の拡大が存続の担保になるかどうかは，統計データでは判断しがたい状態にある。

以上のように農業経営の存続領域は生産物価格の状態に大きく左右されている。生産物価格の低下，加えて原料価格の上昇を生産物価格に反映できない状態のなかで，最小必要規模が実現できず，存続領域が狭まっている。また，平均生産物価格が平均生産費をカバーできないということは，半数の農家が赤字に陥っていることを意味する。このようななかで経営が廃業しないのは，家族の労働報酬の低下に対して，生計費を切り下げて，耐えているからに他ならない。最小最適規模に近い効率的な経営でも，後継者への継承をためらう農家が増えており，効率的な経営ですら存続が危惧されている。

もし，最小必要規模以下の経営が廃業した場合，残された経営によってどの程度の搾乳牛や稲作面積がカバーされるかを試算した結果がある（Ueda et al. 2017）。酪農は，北海道についてみているが，飼養頭数の43.6％しか満たさず（2010年「農林業センサス」による），長期的な生産基盤への不安が示されている。水稲は，先にみたように，そもそも最小必要規模が実現できていない。

4．農産物価格と食品小売価格の上方硬直性：価格伝達，小売の市場支配力

前節では農業経営の存続条件をみたが，農業，食品産業の存続には，効率的な経営をおこなうことを前提にして，フードシステムの各段階において公正な生産物の価格とそれが実現される市場の状態が確保されることが不可欠である。それがフードシステムを良好な状態で未来につな

図4－5　消費者物価指数と生鮮食品価格の指数の推移

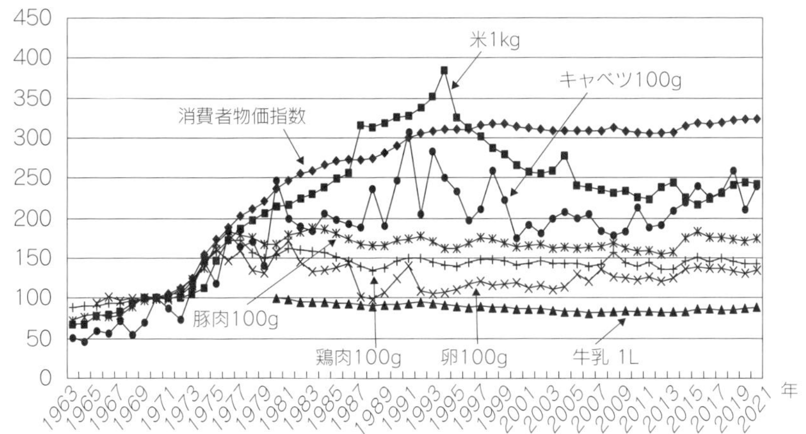

出所：消費者物価指数は総務省「小売物価統計」，生鮮食品価格は総務省「家計調査年報」により作成。

ぐ条件でもある。

ところが，小売価格の上方硬直性[5]は強く，図4‐5のように，1970年代なかばから，消費者物価指数は上昇しているにもかかわらず，生鮮食品は今日まで低い価格で推移してきた。米は食糧管理法があった時代は消費者物価に連動していたが，1995年の法廃止以降は低下が著しい。

農産物，生鮮食品価格の上昇は，野菜のように，天候の影響による不作という，供給不足が明白なときにのみに生じている。国際的な石油価格や穀物相場の高騰など原料コストの上昇時に，それを反映して生産物価格が上昇することは少ない。つまり，生産側の状況変動に対して，市場は極めて上方硬直的であった。その典型例が，先に述べた2006年からの国際穀物相場の高騰時に，飼料価格の上昇を畜産物価格に伝達できなかったことである。この状態を，さらに日本銀行の企業物価統計のデータからみておこう（図4‐6）。穀物を含む輸入農林水産物価格は大きく

5）価格が低く固定され，上昇しない状態をいう。

図4－6　日本のフードチェーン各段階の農産物・食品価格の推移

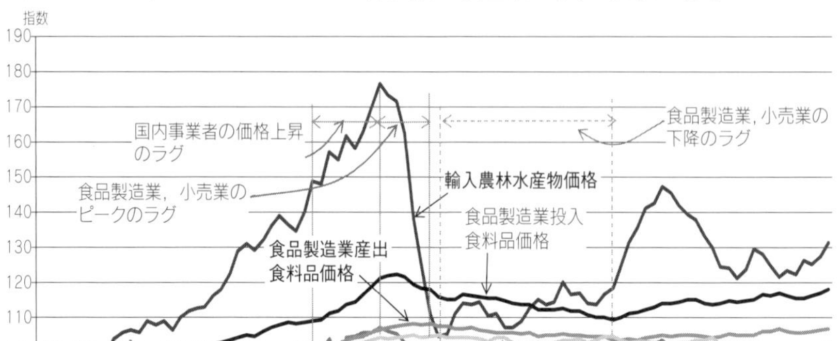

出所：新山（2013）。原資料は，投入，産出財価格は日本銀行製造業物価指数長期時系列データ，小売価格は総務省消費者物価指数長期時系列データによる。

図4－7　EU におけるフードチェーンの価格動向（2007. 1～2009. 7）

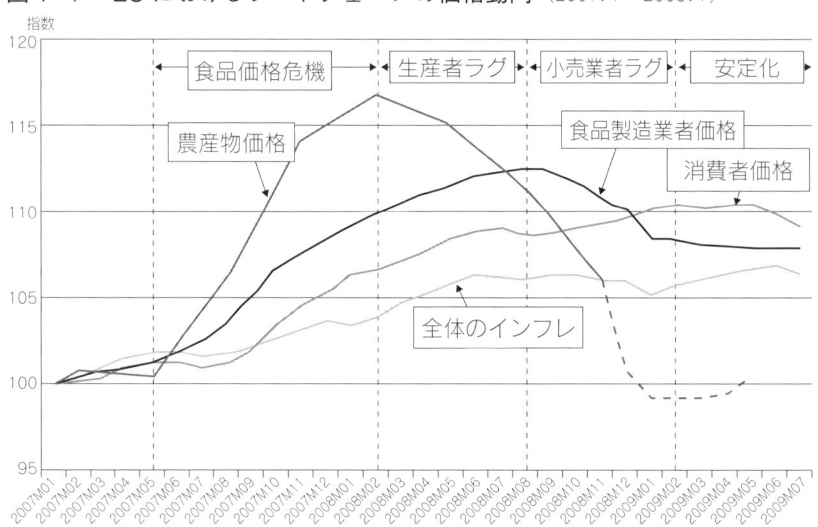

出所：新山（2013）。原資料は，Commission of the European Communities（2009），*A better Functioning Food Supply Chain In Europe,* Com（2009）591 final であり，EUROSTAT; AGRIVIEWS により作成されている。

上昇しているのに，製造業投入畜産物価格（生産者販売価格），さらには，食品製造業産出食料品価格はほとんど上昇していない。

比較のために，同時期のEUの状態をみておこう。大きく異なることがわかる。図4‐7は，2007年1月を基準にした価格指数の変化である。まず，農産物価格が大きく上昇し，半年程度のラグで食品製造業者価格，さらに消費者価格がピークを迎えている。ピークは後者になるほど小さくなっており，各段階で少しずつ吸収されながら，食品の価格に転嫁され伝達されたといえる。このように，EUでは，穀物価格上昇時の農業者への大きなしわ寄せはなかった。しかし，欧州では，穀物価格が下がったとき川上，川中の生産物価格が低下したのに，消費者価格が低下せず，また，生産者価格の低下幅が極めて大きかったことが問題とされた。EU委員会は，小売業者が利益を得，消費者と農業者がしわ寄せを受けたとみて，価格監視や公正取引を呼びかけた（CEC 2009）。

このように原料価格が変化したとき，それを反映して製品価格が変化することを「価格伝達」とよぶ。価格伝達は，フードチェーンでは，第10章図10‐1（175ページ）の概念図のように，各段階の市場において価格形成される際の売り手・買い手双方の取引交渉力に左右される。買い手側の取引交渉力が優位なことが，価格伝達できない基本的な原因だと考えられる。

近年，実証産業組織論にもとづく，小売市場支配力の経済学的な計測がようやく進みはじめた。先の2006年以降の日本の乳業メーカーと小売の牛乳の取引市場において，小売の買い手市場支配力が存在し，不完全競争が生じていたこと，それによって価格伝達が阻害されていたことが示されている（林田 2018）。

5. 農業経営体の存続と農業政策の役割：経営環境／公正な市場の整備

以上のように今日の日本の農業経営の存続は，経営の裁量外にある市場条件に左右されており，企業形態の適否や改善を論じるだけでは経営の存続は実現されない。

先に述べたように，社会的な必需品を供給する産業経営に対しては，社会的にみて妥当な努力をすれば経営を存続させられるだけの基礎条件が整えられていることが不可欠であり，あらゆる政策手法を駆使して，それを整えるのが国家の政策の役割である。特段に重要なのが市場の競争条件を良好に保つことである。

一般に，寡占企業など市場支配力をもつ企業でない限り，個々の生産経営体が外的環境である生産物市場，生産要素市場に働きかけてそれを変革するのは困難だということは，産業組織論の基本認識である[6]。

国内市場では売り手・買い手の間に公正取引を確保する措置が必要である。農産物の過剰対策は不可欠であるが，価格の有り様は需給バランスだけでは片付けられない（コラム参照）。産業組織論（第１章参照）の見地からは，有効競争を確保するには，売り手産業と買い手産業の状態，その間に働く市場支配力に常に目を配っておかねばならない。農産物・食品市場では，買い手（小売業）の巨大化が著しく，前節でみたように強い取引交渉力により，生鮮食品の激しい価格破壊を進めている。社会的に妥当な効率を実現しているといえる平均的な経営階層で生産費がカバーされないほどに，取引価格が引き下げられるような取引の状態は明らかに公正でない。このことは，経営の存続領域を狭める最大の原

6）付加価値の高い生産物を生産し，市場において差別化することによって，高価格形成を図ろうとする対応策がとられることが多い。しかし，差別化が可能なのはそれに希少価値がある限りのことであり，農産物や食品の多くの部分を差別化によって救えると考えるのは正しくない。多くの部分に正当な価格が形成されるようにすることが基本として必要であり，差別化はその代替措置にはならない。

因となっている。欧州においては，欧州委員会が価格監視や不公正取引行為の防止にのりだし，市場規則により生産者の組織化を進め交渉力の強化をはかっている（第15章に説明）。

6．不公正な取引方法の防止

市場の価格交渉力を均等に保ち，公正な競争が行われるようにする調整装置が独占禁止法とそれにともなう措置である。売り手・買い手間の垂直的な関係，とくに大規模小売業との取引についてどのような規制措置がとられているかをみてみよう（渡邉 2014にもとづく）。

まず，「不当な対価による取引」（不当な取引制限）の規制があるが，これは事業者間に共同行為（意思の連絡，相互拘束・共同実行）があることが前提とされるので，それが証拠づけられないときは適用されない。

公正取引の観点に該当するのは「不公正な取引方法」の規制である。以下その規制内容をみる。

まず「不当廉売」がある。それは原価を著しく下回る販売を禁止するものであり，同一段階の水平的な関係に適用され（価格引き下げ競争によって同業者を競争上不利な状態におき市場から退出させるケースなど），売り手・買い手の垂直的な関係には適用されてこなかった。

売り手・買い手の垂直的な関係については，「再販売価格への拘束」（定価維持）などにみるように，市場支配力の行使者は基本的に製造業と想定されてきた。

他方，小売店を含めた売り手・買い手間の垂直的な関係に該当するのは「優越的地位の濫用」である。とくに大型小売店の伸張を視野に入れた規制の強化は，優越的地位の濫用の大規模小売業特殊指定（2005年），また特例法として「下請法」（生産者との契約が対象になる）の制定によって進められてきた（渡邉 2014）。しかし，禁止行為の多くが，返品，従業員の派遣要請など製品価格に関するもの以外の行為を想定している。渡邉（2014）は，優越的地位の濫用規制のなかでも「取引対価の一方的決定」（大規模小売業特殊指定では「特売商品等の買いたたき」），「対価の減額」（同じく「不当な値引き」）とよばれる行為類型が，バイイングパワーに関係することを読み取っている。しかし，その運用実績が不十分なこと，その背景には，①公正取引委員会のリソース不足と摘発事例の偏り，②価格への直接介入の根拠不足と規制の線引きの困難さがあることを指摘している。これらについては法学者，経済学者の間でさまざまな議論が蓄積されている。

7. むすび

農業経営の存続可能性をとらえる検討枠組みを示し，酪農，水稲のデータをもとに実情をとらえた。その結果，農業経営の裁量外にある市場の農産物価格の状態が存続可能性を大きく左右していること，農産物価格が低下したときに，また，原料価格の上昇時に農産物価格にそれを反映する価格伝達ができないときに，存続領域が極端に狭くなっていることをみた。あわせて，酪農においてさえ，平均生産者乳価が平均生産費をカバーできない状態が長期にわたって続くことがあり，社会的に妥当な効率を実現している経営が赤字に陥る状態がみられた。その背景に小売の市場支配力が存在することが計測されたことを紹介した。

取引交渉力は，基本的には取引双方の産業の競争構造に規定され，シェアの集中度が上昇すると交渉力の優位性が高まると考えられている。しかし，それだけでは説明できないこともありそうである。現在，中小の事業者の多い食品製造業に対して，小売業は集中が進み，取引交渉力が上昇している。ところが，日本より EU の方が小売業の集中度は高い。集中度だけでは，同じ時期に EU では価格伝達ができたのに，日本でできなかった理由は説明できない。したがって，競争構造に加えて，小売慣行や取引慣行，産業の組織化の状態[7]が，価格形成や価格交渉力に無視できない影響を与えていると考えられる。

日本の量販店は，発祥期から特売による集客戦略により成長を遂げ，特売が習慣化しており，これが第 9 章で説明する消費者の価格判断メカニズムと相まって小売価格を低い方に固定してきた原因の 1 つであろうと考えられる（新山 2011）。

公正取引の確保のために，独占禁止法上の規制が強化されてきたことをみたが，法による規制は万能ではない。三方よし（売り手，買い手，地域）の精神で，フードシステムの存続のために互いに共存を図る事業者の理念とその具体化が求められる。

《キーワード》 規模の経済，最小最適規模，他産業均衡所得，最小必要規模，市場支配力

学習課題

1．農業経営の存続条件について，本章の説明をもとにまとめてみよう。
2．公正な市場とはどのような状態か，その状態を確保するために必要なことは何か，法や政府の政策を含めて，検討してみよう。

7）欧州では，品目別フードシステムの各産業段階で事業者によって自発的な専門職業組織が形成され，さらには川上から川下までの組織が連合して垂直的な専門職業間連合組織が設けられ，産業の革新や社会的な発言を行なっている。

参考・引用文献

・Commission of the European Communities (2009) *A better Functioning Food Supply Chain In Europe,* Com (2009) 591 final.
・林田光平（2018）「小売企業による牛乳の買い手市場支配力と価格伝達―推測的変動による不完全競争市場への接近―」『フードシステム研究』第25巻第２号，33-47頁
・中村信次（2014）「米流通，取引の現状と問題―米価格形成メカニズムを中心に―」『日本農業研究シリーズ』21号，17-24頁
・新山陽子（1997）『畜産の企業形態と経営管理』日本経済評論社，第３章
・新山陽子（2011）「フードシステム関係者の共存と市場におけるパワーバランス」『農業と経済』2011年１月・２月合併号，75-88頁
・新山陽子（2013）「国際農産物相場の変動が国内市場に及ぼす影響」『農業と経済』第79巻第３号，26-32頁
・新山陽子（2020）「『家族経営』『企業経営』の概念と農業経営の存続条件」新山陽子編著『農業経営の存続，食品の安全』昭和堂*
・農業と経済編集委員会他（2016）『農業と経済』特集「生乳流通再編をどうみるか」，2016年９月号
・大槻正男（1977）「農業経営における基礎概念」『大槻正男著作集　第１巻』楽游書房
・渡邉美沙子（2014）『食品市場における大規模小売業者のバイイングパワーに対する法的規制の実態と課題―独占禁止法と下請法を中心に―』京都大学農学部食料・環境経済学科，2014年度卒業論文
・Ueda, H., H. Onoshima, M. Saiki, M. Izutani, M. Tanaka, R. Yoshida, and T. Matsubara (2017) Survivability from a Managerial Economic Perspective: Dairy Farming and Rice Farming in Japan, *The Natural Resource Economics Review,* Special issue, Kyoto University, pp.25-39.　和訳の上田他（2020）「農業経営の経営経済的な生存可能性―酪農と稲作―」が新山陽子編著（2020）『農業経営の存続，食品の安全』（フードシステムの未来へ２）昭和堂に収録

◎さらに深く学習したい人には，＊の図書をお薦めします。

〈コラム〉

需給調整と価格形成

酪農では，生産者団体によって自発的な需給調整が行われている。需要と供給をマッチさせられるよう年間の生産計画が立てられ，中央酪農会議が全国的調整を担っている。しかし，季節によって，また天候の変化などによって，日々搾乳量も消費量ともに変動する。生乳は，農家から乳業メーカーのミルクプラントまで，保冷タンクローリー車で輸送されるが，その集配のプロセスで，日々の過不足がないように調整される。集配を担うのが全国9ブロックに設けられた指定生産団体である。調整は，飲用向けだけでなく，チーズ，バター，ヨーグルトなど乳製品向け用途別の需要量も考慮される（『農業と経済』特集2016）。近年は供給不足の状態であるが，本文にみたような生乳価格の引き下げが生じていた。

米は，政府の生産数量目標配分によって生産調整され，市場価格の安定が図られてきたが，需給不均衡が縮小し，主食用米は2018年から生産数量目標の配分が廃止され，国の需給見通しを踏まえた生産者，集荷業者・団体による生産調整に移行することとなった（2014年4月1日「需要に応じた米生産に関する要領」）。しかし中村（2014）によれば，米の需要減少によって市場規模が縮小し，わずかな供給の過不足が米価の大きな変動をもたらすようになっていると指摘されている。加えて，これまで米流通の中心にあった全農や卸売業者の取扱量が低下し，取引が不特定多数に拡散し，その小幅な売買が複合されて価格に大きな影響を与えるようになっており，その一方で，2011年の価格形成センターの廃止以降，オープンな価格形成の場がなく，価格形成が不透明になっていることも指摘され，市場の価格形成システムの改善の必要が提示されている（Ueda et al. 2017）。

以上，生乳，米ともに，需給調整の仕組みが機能しているにもかかわらず，大きな価格の低下や変動が生じており，生産物価格の低下の原因を需給のアンバランス（供給過剰）にもとめる考え方のみでは，現実の問題に対応できないことがわかる。

5　農産物・食品卸売業の展開と産業構造

清原昭子

1. はじめに

第一次産業において生産された農畜産物や水産物はいくつかの経路をたどって私たちの手元に届く。この経路の各段階には多くの産業が存在している。第５章から第８章ではこれらの産業について，その機能と構造について学び，フードシステムの中で果たしている役割について考える。

そのはじめとして，本章ではフードシステムの各産業をつなぐ卸売業について取り上げる。食品にかかわる卸売業は多様な産業と事業者をつなぐだけでなく，流通過程において制度的，技術的に要となる役割を果たしている。本章では，まず，フードシステムにおいて卸売業が果たす機能について解説する。そして，生鮮農産物を取り扱う卸売業者，加工飲食料品を取り扱う卸売業者について，それぞれの機能を紹介し，背景にある各食料品の流通経路の特徴を解説する。最後に，わが国の食品卸売業の産業構造について概観し，今後の展開について考えたい。

2. 卸売業の基本的な機能

日々の買い物で日常的に利用するスーパーマーケットやコンビニエンスストアなどの小売業とは異なり，われわれが卸売業という産業やその事業者の活動を直接目にすることは少ない。しかし，小売業の活動は卸

図５－１　卸売業の基本的機能

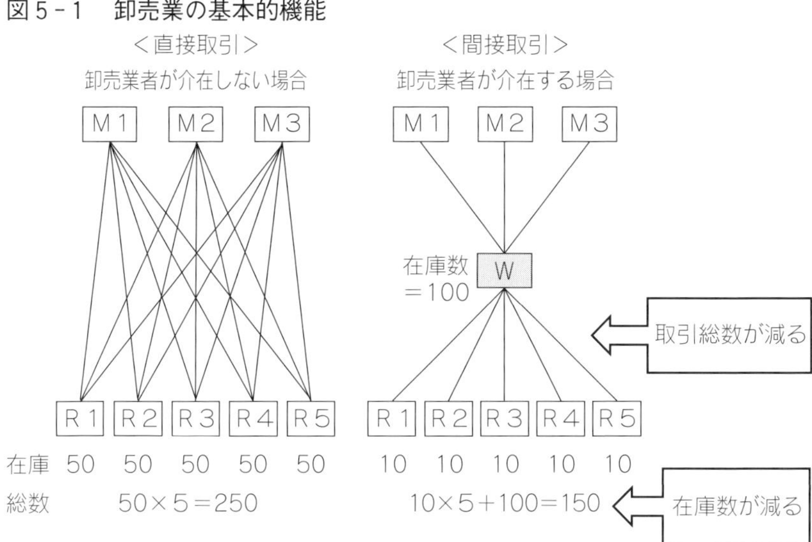

出所：Hall（1948）および藤島（2009a）をもとに作成した。

売業（あるいは卸売機能）の存在なくしては成り立たない。フードチェーンにおいて，卸売業者は食料品の生産者と実需者（食品製造業者，小売業者，外食業者）をつなぐ経路の中間に位置している。その基本的な機能である集荷・分荷機能について，ホールの原理[1]にもとづき解説する。ホールの原理の１つめは「総取引数極小化の原理」（principle of minimum total transactions）とよばれる。

図５‐１のM（maker）１‥３は食料品の生産者（農家，食品メーカーなど）を，R（retailer）１‥５は食料品小売業者，W（wholesaler）は卸売業者を示す。卸売業者が介在しない直接取引と介在する間接取引を比較すると，直線で示される取引の数が大きく異なることがわかる。同図の例では，すべての生産者と小売業者が取引するためには，直接取引では15（＝３×５）取引が必要であるのに対し，卸売業者が取引を仲介

１）ホールの原理については，Hall（1948）（片岡一郎訳（1957））による。

する間接取引では，8（＝3＋5）取引で済むことがわかる。また，直接取引において各生産者がすべての小売業者との取引を希望するなら，小売業者5社と数量や価格について交渉し，取引を成立させ，取引を監視しなければならいが，間接取引では各生産者は卸売業者と交渉することで小売業者5社と取引することができる。また，取引の相手となる小売業者を探し出すこと自体にもコストが発生する。このような取引を成立させるための手間や取引の実施状況を監視するコストは「取引費用」[2]とよばれる。取引の総数が削減することを通じて，卸売業はこれらの費用の節減効果を担っているのである。さらに，石原ら（2000）によれば，小売業者は消費者の近くにあり，限られた範囲を商圏とするのに対し，卸売業者の商圏の方が空間的にはるかに広いことから，生産者は一部の小売業者と直接取引するより，卸売業者を介した取引を行う方がはるかに広域の小売業者と取引が可能になり，より広域の消費者に商品を届けることができることになる。このように，取引にかかわる交渉を卸売業者に委託することで生産者は生産活動に専念し，生産技術を向上させ，生産物の品質を向上させることができるのである。

また，品揃えの面でも卸売業者は重要な役割を担っている。これは，ホールの原理のうち「集中貯蔵の原理」あるいは「不確実性プールの原理」（principle of massed reserves or of pooling uncertainty）として知られる原理で説明される。小売業者はどの商品がいつ売れるのかは完全には予測できないため，店舗ごとに各商品を予測される最大数量取り揃える必要がある。不確実な需要によって，特定の商品への需要の急増（例えば，地域の行事がある週末に弁当や果物などの需要が急増する）

2）「取引費用」とは，Coase（1988）において，市場取引を実行するために必要な以下の作業に要する費用として指摘されている。交渉相手を探し出すこと，交渉をしたい旨および交渉の条件を人々に伝えること，成約に至るまでに駆け引きを行うこと，契約を結ぶこと，契約の条件が守られていることを確かめるための点検を行うことである。新山（2021）によれば，これらは「交渉相手の探索」「成約とそこに至るまでの交渉」「契約が遵守されているかの監視」の費用とまとめられる。

に対応するために，それらの商品の在庫を小売業者と卸売業者が保持すると仮定した場合を考える[3]。図５‐１の直接取引において，ある商品について必要な在庫を取り揃えた場合，各小売店舗では50kgの在庫が必要とすると，全体では250kgの在庫が必要となる。これに対し，間接取引では卸売業者が各生産者の商品を在庫として一定量もつことで，各小売店舗に備えるべき在庫量は格段に少なくなる。小売店舗においてある商品が品切れしそうなときには，小売業者は生産者ではなく，卸売業者に連絡することで欠品を防ぐことができる。卸売業者は販売先を複数かかえることから，売れ残りのリスクを分散できるため，小売業者より多い100kgの在庫をもてるのである。このため小売業者自らは最小限の在庫（10kg）を保持するだけでよく，売れ残りによるリスクを低減でき，この効果は販売価格にも反映される。この機能を果たすため，卸売業者は在庫を適切に保管するための設備を整え，各食料品の特性に合った管理の技量が求められるのである。

3．生鮮食料品流通と卸売市場の機能

（１）生鮮食料品の集出荷段階

本節では，生鮮食料品のうち野菜・果物（以下，青果物）の流通機能に着目し，集出荷段階の組織と卸売市場の機能について述べる。図５‐２には青果物の代表的な流通経路を示している。青果物流通を特徴づけるのは，川上の出荷段階における農業協同組合（以下，農協）と，川中の中間流通段階における卸売市場の存在である。青果物はその生産地が全国各地に分散しており，品目によっては生産できる地域が限られるものもあり，さらには１生産者当たりの生産量も限られる。また，青果物は一定の量に集約され，大きさや形状，果実の場合には糖度によって分

3）「不確実性プールの原理」の解説および数値例は藤島（2009a）もあわせて参照した。

図５-２　野菜・果実の流通経路

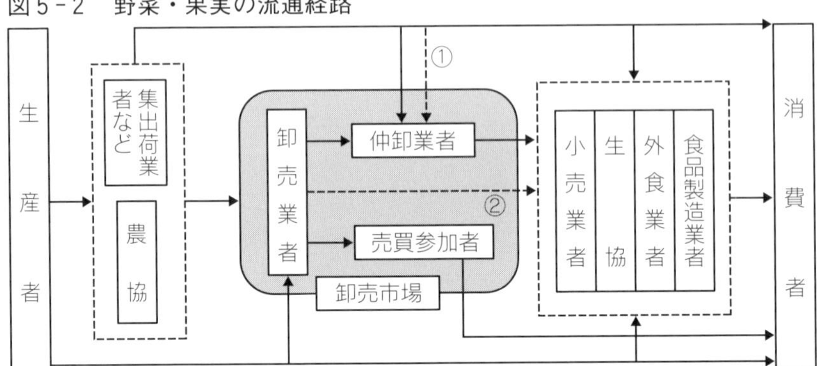

注１）輸入品は除く。
注２）卸売市場によっては，買い手は卸売業者のみで，売買参加者が存在しない場合もある。売買参加者とは，卸売業者からの仕入を認められている小売業者などの実需者である。
注３）①仲卸業者による直荷引き，②卸売業者による第三者販売については，市場によっては業務規程においてその取引を制限している場合もある（表５-１参照）。
出所：桂（2020）および農林水産省『令和元年度卸売市場データ集』をもとに作成した。

類される必要がある。このような生産から出荷までの過程を集荷といい，この過程での品質による分類が取引価格に影響することが，生鮮食料品ならではの特徴といえる。川上での集荷を主に担うのが農協である。農協は生産者を組合員として構成され，生産者同士の共同により出荷単位を大口化するという共同販売（農協共販）を行う。この共販により，数が多く規模の小さな農業者と，数が少なく規模が大きな食品製造業者，小売業者などとの取引交渉力のアンバランスを補い，公正な取引の条件を確保することを目的としている。

2021年３月末の時点で全国に1,621の農協があり[4]，多くの生産者が販売を委託している。生産段階および農協において青果物は等級，階級[5]別に選別される。また，農協によっては独自の出荷基準を設けることで産物の品質を維持し，農協単位のブランドを確立しようとするところもある。このブランドは最終消費者に認知される機会は少ないが，卸売業

4）農林水産省「令和２年度農業協同組合等現状数統計」における総合農協と専門農協の合計である。
5）等級は品質を，階級は大きさや重量を示す。

者，仲卸業者などにより流通過程において認知，識別されることで他産地の生産物との差別化をめざす。また，桂（2020）は，農協が生産者からの出荷を通じて生産に関する情報を得られることの意義を指摘している。例えば，野菜では作付予測，作付実態，生育状況，出荷見通しなどについて，果物では開花状態，着果状態，生育状況，出荷見通しなどの刻々と変化する生産・出荷情報である。この情報を活用することで，効率的な販売が可能となる。

（2）生鮮食料品の卸売段階

農協などを通じて出荷された青果物は卸売段階へと送られるが，青果物を取り扱う卸売業者の多くは卸売市場（図5‐2において網かけされた部分）を拠点として業務を行っている。卸売市場とは，卸売市場法にもとづき，主に地方公共団体（都道府県政令市，中核市など）によって開設・運営される，取引のための設備とルールが高度に整備された取引の場である。新山（2021）はCoase（1988）に依拠し，卸売市場のなかでも，中央卸売市場は単なる物流施設でも，私的企業組織でもなく「高度に組織された市場」であると位置づける。以下では，卸売市場の区分とその主な構成主体と売買の流れについて述べ，続いて中央卸売市場の機能と役割，そこで行われる取引の公正と効率，そして取引費用の低減に果たす役割についてみていく。

卸売市場とは，中央卸売市場と地方卸売市場に区分される。中央卸売市場とは，卸売市場法にもとづき，農林水産大臣の認定を受けた卸売市場であり，卸売市場法施行規則で定める面積の基準に該当するものである[6]。また，地方卸売市場は卸売市場法により都道府県知事の認定を受けた卸売市場であり，その面積に法的な要件はない。中央卸売市場は全国に延べ65市場開設され，このうち野菜・果物を扱うのは50市場で

6）認定を受けるには，取扱品目ごとに卸売場，仲卸売場および倉庫（冷蔵または冷凍含む）の面積の合計が，野菜および果実，生鮮水産物は10,000㎡，肉類，花き，その他生鮮食料品は1,500㎡以上であることが定められている。

ある（2021年４月現在）。地方卸売市場は1,009市場である（2020年４月）[7]。卸売市場では１市場当たり１～２社の卸売業者（荷受会社）[8]が，農家や農協などから出荷された野菜・果物を入荷（荷受け）し，農家の販売代理人として仲卸業者や売買参加者[9]に販売（卸売り）する。卸売りの際には，セリ・入札または相対取引[10]が採用される。卸売市場でのセリ・入札とは，売り手（卸売業者）が１社に対して多数の買い手（仲卸業者，売買参加者）が競売する取引方法であり，日本の青果物取引では「競り上げ方式」がとられることが一般的である。卸売業者はこの販売価格（卸売価格）に対して一定率の手数料を出荷者から得る仕組みとなっている。

次に，卸売市場のなかでも中央卸売市場を取り上げ，制度的特徴について，新山（2021）に依拠しながら述べていきたい。また，卸売市場法が2018年に大幅に改正され，2020年６月より施行されたことから，その法改正が制度的特徴に与えた影響についてもふれる。

まずは，卸売市場の開設と運営に関する公共性，公益性についてである。野菜，果物といった食材は，生活必需品であるから，その取引は生産者，流通業者，食品製造業者，外食事業者など，すべての関係者に広く開かれたものでなければならない。このため，卸売市場，なかでも中央卸売市場は地方公共団体によって開設・運営されることで公共性が維

7）農林水産省「卸売市場データ集（令和２年度版）」

8）卸売市場で業務を行う卸売業者（荷受会社）は第２節で述べた卸売業者のうち，卸売市場法にもとづいた特定の具体的業態の１つであり，多くが株式会社や有限会社といった法人である。また，仲卸業者は中央卸売市場と一部の地方卸売市場に存在する（藤島 2009b）。

9）売買参加者とは，小売店や飲食店経営者など，卸売市場に野菜・果物を仕入れに来るもの（買出人）のうち，卸売業者から直接仕入れる資格をもつもので，卸売業者と仲卸業者の両方から仕入れることができる。その資格をもたないものは「一般買出人」またはたんに「買出人」であり，仲卸業者からのみの仕入れとなる（藤島 2009b）。

10）相対取引（相対販売）とは，売り手と買い手が１対１で交渉して行う取引である。

持されてきた。しかし，2018年の卸売市場法の改正により，開設・運営者に関する規定が廃止され，開設主体に関する制限はなくなった[11]。

さらに卸売市場の卸売業者（荷受会社）は法に規定される取引ルールにもとづいて売買などの業務を行うという公益的な機能を担っている。卸売業者（荷受会社）は2018年の法改正前までは国による許可制となっていたが，法改正により廃止された。今日でも，卸売業者（荷受会社）の運営は法や地方公共団体が定める業務条例の取引ルールにもとづくが，法的な位置づけが大きく変化したため，業務運営の公益性は事業者の自覚に依存する度合いが大きくなったと考えられている。

続いて，中央卸売市場における取引の公平，公正を担保する仕組みについて表5-1に示した取引規制の内容にふれつつ述べる。取引当事者にとって公平，公正な取引を維持し，取引にかかわるリスクを低減するため，卸売市場での取引には法によって，いくつかのルールが定められている。同表によれば，卸売業者（荷受会社）は出荷者から販売委託の申し込みがあった場合には，正当な理由なく引き受けを拒んではならず（③「受託拒否の禁止」），出荷者，仲卸業者，売買参加者に対する不当な②「差別的取扱の禁止」が定められている。このことで，誰もが参加可能な公正な取引が担保されている。また，セリ・入札という集合的取引によって価格形成することで，公正さが保持されてきた。2004年の卸売市場法改正により，今日では相対取引も実施されていることから，新山（2021）によれば，公正さには取引方法による差もみられる一方で，中央卸売市場では⑤「取引条件，取引結果の公表」のルールに則り，取引価格が公表されるので，どのような取引方法をとった場合でも自らの取引価格の客観的評価ができることで透明性が確保されていることも指摘されている。また，取引価格が公表されることで卸売市場外の取引における基準価格，参照価格となる役割も果たしている。

11）大規模設備投資や多数の関連事業者をかかえた市場制度運営を行うことが求められるため，地方公共団体以外の主体による運営は難しいのではないかと考えられている（新山 2021）。

表5-1　卸売市場法における取引規制

	改正前卸売市場法による規制	2018年改正卸売市場法・食品流通改善促進法での規定
①　売買取引の方法の公表	義務付け	卸売市場の開設者が定める業務規程において遵守する
②　差別的取扱の禁止	禁止	
③　受託拒否の禁止（中央卸売市場のみ）	禁止	
④　代金決済ルールの策定・公表	義務付け	
⑤　取引条件・取引結果の公表	義務付け	
⑥　卸売業者（荷受会社）による第三者販売の禁止	原則禁止	①～⑤に反しない範囲で，各卸売市場において設定できる
⑦　仲卸業者による直荷引きの禁止	原則禁止	
⑧　商物一致の原則	原則	

注）①～⑤の条項が卸売市場の業務規程に定められていることが確認された場合に，中央卸売市場を農林水産大臣が，地方卸売市場を都道府県知事が認定する。
出所：農林水産省「令和２年度卸売市場データ集」，「卸売市場法及び食品流通構造改善促進法の一部を改正する法律の概要」，矢野（2019）より作成。

以上のように，卸売市場は公的主体が開設した市場のなかで，民間の事業者である卸売業者（荷受会社）や仲卸業者が取引を行う構造となっている。矢野（2019）によれば，卸売市場法やその関連省令によって定められてきた2018年改正前の取引規制は，私的利益が公共の利益を阻害しないようにしてきた仕組みであるとされる。

次に，卸売市場による取引費用の節減効果について述べていく。第２節で示したように，取引にはそれを成立させるための探索，交渉の他，契約通りに品物が納品されるか，代金が支払われるかなどといった監視の費用が発生する。図５-１で示したように，卸売業者が介在することでこれら費用が節減されるが，生鮮食料品流通においては，卸売市場が存在することで，さらにその節減効果が発揮される。新山（2021）によれば，卸売市場は卸売業者（荷受会社）や仲卸業者の業務の場であるから，生産者，農協にとっては生産物の買い手が，小売店や外食事業者にとっては食材の売り手が予め存在している状態であり，取引相手を探索する費用は不要である。また，③「受託拒否の禁止」が定められていることから，取引を成立させるための交渉や駆け引きも必要ないため，その費用が節減される。セリ・入札の場合には買い手側の小売店や外食事業者は価格を提示するのみでその他の複雑な駆け引きは不要である。契約が遵守されていることの監視費用についても，出荷者に対する卸売業者（荷受会社）からの決済，買い手から卸売業者（荷受会社）への決済について業務規程に記載されており（④「代金決済ルールの策定・公表」），取引参加者はそれに従うことが定められていることから，これらの監視費用は生じない。

さらに，新山（2021）は，③「受託拒否の禁止」という取引ルールが定められていることで，生産者には貯蔵が利かない生鮮品を確実に出荷できる機会が保証され，売れ残りのリスクを回避できることも指摘する。また，食品製造業者やスーパーマーケットなどの大口需要者が，産地との契約取引によって食材を確保している場合であっても，天候不順などで契約生産者の出荷量が急激に減少した場合にも，②「差別的取扱の禁止」が定められていることで，誰もが卸売市場へ買い出しに行けることが保証されるため，卸売市場で不足分を調達することになる。

従来から，野菜・果物を取り扱う青果物小売業者の多くは仲卸業者から商品を仕入れてきた。かつては，仲卸業者が卸売業者からセリによって仕入れた品を小売業者が仕入れる経路が主であったが，スーパーマーケットなどの隆盛により，需要側の仕入れが大口化したことで，卸売市場の取引にも変化が生じた。スーパーマーケットでは予定する量と質の野菜・果物を安定した価格で仕入れたいと考えるため，日々の取引数量と価格が変動しやすいセリ・入札が避けられ，仲卸業者を通じた卸売業者との相対取引や契約取引が増加している。そして，大口の需要に応えるために，卸売業者は出荷者からの委託集荷ではなく買い付け集荷の割合を高めている。このように集荷や取引の形式は変化しているものの，野菜・果物流通において卸売市場の果たす役割は今日でも大きい。このことは卸売市場経由率[12]にも表れており，2018年でも野菜は64.8%，果実35.8%という水準にある。一方，生鮮消費向けが多く，鮮度や品質が重視される国産青果物については，同年においても79.2%が卸売市場経由で流通していることからも，その機能が多くの食品関連事業者によって認められていることを示している。

さらに卸売市場には，消費者のニーズを読み取り，そのニーズにもとづいて商品を探し，取り揃えようとする小売業の品揃え，質揃えを支える機能がある。桂（2020）によれば，わが国の消費者は繊細でこだわりのある食料品ニーズをもっており，種類や量目，ブランド，産地，生鮮食料品であれば品種，等級など，幅広い。中間流通を担う卸売業者は，このようなニーズに対応する生産物や生産者を探し出し，さらに生産物を求められる品姿，量目に調整する機能を果たしているのである。

4．加工食品流通と卸売業の機能

次に，加工飲食料品（以下，加工食品）流通における卸売業の機能をみてみる。まず，生産者と消費者の「距離」について考えてみよう。図5‐3には加工食品の流通経路が示されている。食品製造業者から出荷

12）国内で流通した加工品を含む国産および輸入青果物，水産物，食肉，花きのうち，卸売市場を経由したものの数量割合の推計値である。農林水産省「卸売市場データ集（令和元年度版）」による。なお，同推計によると，国産青果物の卸売市場経由率は2017年時点で78.5%である。

図５－３　加工食品の流通経路

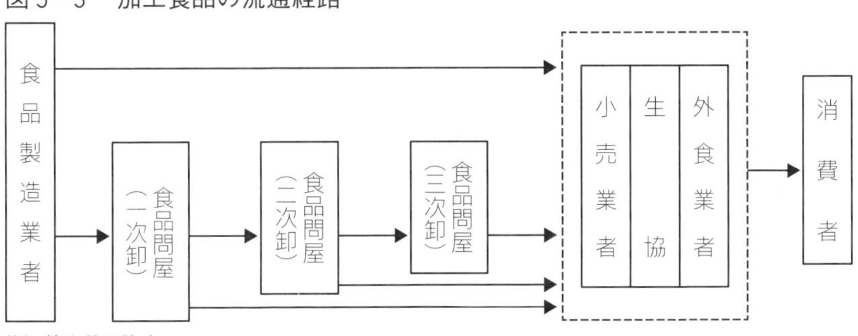

注）輸入品は除く。
出所：著者作成。

される加工食品は基本的に均質であるから，出荷時や取引時において品質の見極めやその違いによる価格の変化はないため，生鮮食料品のような卸売市場は存在しない。しかし，今日の加工食品の種類は多様を極めており，その多様さに対応した機能が求められる。商品の姿だけをみても，箱詰めからレトルトパウチ，袋詰め，ペットボトル・瓶など多様であり，商品のテクスチャーは液体のものもあれば，固体，半固体，ジェルなどがあり，流通時の温度帯も冷凍，冷蔵，常温にわかれる。また，加工食品のなかにも，豆腐・納豆や牛乳・ヨーグルトなどのように，消費期限や賞味期限が比較的短いものもあるため，各商品の品質を保ちながら輸送・保管するには固有の設備と技術が求められる。また，消費者の加工食品へのニーズは細かく，かつ，家庭において保存できる期間に限りがあるため，１度に購入する量は限られる。よって小売店舗では細かな品揃えが日々求められるが，食品メーカーからの出荷ロットのままでは，これに対応することはできない。そのために，各小売店舗のロットサイズにあわせて配分する機能が必要とされる。また，今日では飲食店などの調理過程でも加工食品を食材として利用する場面も多く，これらの業務用需要に応じた経路が築かれている。

5．食品卸売業の産業構造と新たな展開

（1）産業構造の特徴

前節までに，卸売業の基本的機能ならびに食品卸売業の特徴について，品目別にその流通経路の特徴とあわせてみてきた。本節では，統計データをもとに業種別の食品卸売業の特徴を考えてみよう。表5－2は

表5－2　食料品卸売業の事業所数，従業者数，年間販売額（2016年）

業種	事業所数 合計（カ所）	事業所数 法人（カ所）	事業所数 個人（カ所）	従業者数（人）	年間商品販売額（億円）	1事業所当たり年間商品販売額（万円）	就業者1人当たり年間商品販売額（万円）
農畜産物・水産物卸売業	33,461	26,321	7,140	346,246	368,372	110,090	10,639
米麦卸売業	2,375	1,854	521	18,136	33,345	140,403	18,387
雑穀・豆類卸売業	817	693	124	6,920	10,334	126,490	14,934
野菜卸売業	7,542	5,782	1,760	101,233	96,500	127,950	9,532
果実卸売業	1,692	1,320	372	18,435	17,652	104,332	9,576
食肉卸売業	6,368	4,824	1,544	65,755	83,682	131,411	12,726
生鮮魚介卸売業	10,390	8,301	2,089	94,910	91,383	87,953	9,628
その他の農畜産物･水産物卸売業	2,732	2,203	529	27,264	32,890	120,389	12,064
食料・飲料卸売業	35,672	30,626	5,046	414,287	520,592	145,939	12,566
砂糖・味噌・醤油卸売業	1,070	879	191	8,417	13,106	122,490	15,571
酒類卸売業	2,720	2,476	244	38,759	89,761	330,005	23,159
乾物卸売業	2,424	1,919	505	17,725	9,626	39,714	5,431
菓子・パン類卸売業	4,364	3,363	1,001	47,657	42,862	98,219	8,994
飲料卸売業（別掲を除く）	2,100	1,906	194	35,543	43,663	207,923	12,285
茶類卸売業	1,822	1,392	430	13,833	8,202	45,020	5,930
牛乳・乳製品卸売業	2,392	1,648	744	27,581	37,250	155,728	13,506
その他の食料･飲料卸売業	13,880	12,581	1,299	175,793	260,878	187,953	14,840

注1）数値には，産業中分類及び産業細分類格付不能の事業所を含めているため，合計と内訳の計は一致しない。
注2）「個人」には「法人でない団体」を含む。
注3）従業者数とは，「個人業主」，「無給家族従業者」，「有給役員」及び「常用雇用者」の計であり，「臨時雇用者」は含めていない。
出所：総務省・経済産業省「経済センサス」（平成28年）より作成。

「経済センサス」をもとに，各種食料品卸売業の事業所数，従業者数，年間販売額とともに，販売効率を表す指標として１事業所当たり，ならびに就業者１人当たりの年間商品販売額が示されている。事業所数をみると生鮮食料品を扱う農畜産物・水産物卸売業の部門では，生鮮魚介，野菜に次いで食肉の卸売業が多く，生産者が零細かつ各地に分散している供給側の事情と，消費者ニーズが繊細かつ購入頻度が高い食品であることが反映されている。

一方，加工食品を取り扱う食料・飲料卸売業の部門では，事業所数をみると，菓子・パン類，次いで酒類，乾物類が多く，また，部門全体として１事業所当たり年間商品販売額，就業者１人当たり年間商品販売額は農畜産物・水産物卸売業をやや上回る。当該部門の事業者数の多さは，食料費支出の過半を加工飲食料品が占める今日の食生活を反映する構成ともいえる。

食品に限らず，日本の卸売業には中小規模で，かつ地域の小売業に密着した事業者が多い。「経済センサス（活動調査）」の2016年データによると，各都道府県において食品小売業数の４分の１から２分の１の数の卸売業が存在している。つまり，われわれの身近にある小売店舗はその背後にある卸売業によって支えられているのである。宮下（2010）によると，日本の消費者の食料品の購買頻度は１週間に２～３回程度であり，これは欧米諸国より多い。週末に大型ショッピングセンターや郊外型のスーパーマーケットでまとめ買いをする消費者でも，ウィークデーは近隣の小売店舗で買い足しをするという購買行動が特徴とされる。このため，中小規模の食料品小売店が地域内に複数必要であり，店舗密度も欧米諸国より高い。この結果，小売業を支える卸売業事業者の数も多くなるのである。これらの卸売業者は中小規模であり，限られた商圏内でその地域ごとの消費の特徴にあわせ，多頻度小口で食料品を小売店へきめ細かく届ける機能を果たしている。

一方で，全国規模で活動する大規模卸売業者による中小規模事業者の統合の動きも進んでおり，地域で活動する卸売業者の数が減少傾向にある。この動きは大型化する卸売業の顧客，つまり，スーパーマーケットなどの大口の需要と幅広い品揃えに対応し，かつそれらの顧客との交渉力を維持しようとすることが背景にある。次項では大型化した食品卸売業の事業とその機能をみることで今後の食品卸売業の展開について考えてみたい。

(2) 食品卸売業の新たな展開

ここでは大規模な食品卸売業のうち，総合食品卸とよばれる業種に注目してみよう。日経流通新聞が公表する食品卸売業の売上高上位50社のうち，34社が総合食品卸という分類であった（2018年）[13]。総合食品卸とは，牛乳・乳製品や肉加工品などのチルド食品，調味料，カップ麺などのドライ食品，冷凍食品という幅広い商品を取り扱う卸売業者である。国内最大手である三菱食品の年間売上高は2兆6千億円，第2位の日本アクセスは2兆1千億円，第3位の国分は1兆8千億円を超えている（日経流通新聞）。このように加工食品については，食品の種類を超えて多種類を取り扱うことで大型化する事業者が存在する。「経済センサス」によれば，食料・飲料を取り扱う卸売業は表5-2のように分類されるが，事業所の4割近くが「その他の食料・飲料卸売業」つまり総合食品卸に分類されている。

これまで述べてきた機能に加え，今日の食品卸売業は小売段階におけるマーケティング機能を補完している。それは中小規模のスーパーマーケットや専門小売店の販売促進活動や店舗づくり，売り場づくりを支える活動であり，リテイルサポートとよばれる。例えば，季節や年間行事

13）売上高上位の業種は他に酒，菓子，米卸売業である。

に沿った商品の品揃えやキャンペーンができるよう，消費者の生活パターンや消費行動に関して小売店に情報提供する業務である。また，小売店の立地ごとの商圏内の世帯属性や食料消費支出金額などの情報を提供することもある。食品卸売業では，各種商品の取り扱い実績と事業規模の大きさを背景に，情報を収集・分析することで，小売業のマーケティング活動を支えている。

さらに，総合食品卸ではかつて取り扱いが多くなかった水産物，農産物，畜産物の取り扱いを拡大しつつある。生鮮食料品の卸売業者と提携することで，日本では成立しにくかった生鮮品と加工品の境界を越えたフルライン化が進みつつあるのである[14]。惣菜などの中食（なかしょく）商品の取り扱いも拡大しており，食生活の変化に対応している他，人々のライフスタイルの今後の変化やそれにともなう食料消費の動向に対応した動きも進んでいる。例えば，国分[15]では，薬品卸売業者と提携し，介護用食品やセルフメディケーションに関連する食品の取り扱いなど，高齢化の進行により成長が見込まれる市場への進出を進めている。

6．むすび

本章では，食品卸売業が果たす基本的な機能，そして社会基盤としての機能について述べてきた。フードシステムのなかに卸売業が介在することで取引回数が削減され，取引費用が大幅に節減されること，フードシステム全体での在庫数が削減可能となることを理論的に示した。さらに，生鮮食料品，加工食品という，商品の違いによって流通の経路や関

14）三菱食品株式会社 HP（http://www.mitsubishi-shokuhin.com/solution/index.html）（2020年12月20日採録），株式会社日本アクセス HP（https://www.nippon-access.co.jp/solution/merchandising/）（2020年12月20日採録），国分グループ本社株式会社 HP（http://www.kokubu.co.jp/about/marketing-company/）（2020年12月20日採録）による。

15）国分グループ本社株式会社 HP（同上）による。

与する主体に違いがあることも示した。

食品に限らず，卸売業の活動をわれわれ消費者が直接目にすることは少ない。本章での学習を通じて，豊富な量と質を揃えた食料品がいつでも小売店の店頭に並んでいることや，飲食店で素材にこだわった料理を楽しむことができるのは，この背後にある卸売段階の流通が機能している結果でもあると気づいてもらえただろうか。今後も，われわれの豊かな食生活を維持するために，みえにくいが重要な産業である卸売業の健全な存続は欠かせないのである。

《キーワード》 取引費用，卸売市場，卸売業者，荷受会社，仲卸業者，食品卸売業者

学習課題

1．食品卸売業の基本的機能について，野菜・果実，加工食品を例にまとめてみよう。
2．今後，われわれの食生活や食料品購入パターンが変化していくとすると，食品卸売業に求められる品揃え機能や小売業へのサポート業務はどのように変化していくだろうか。考えてみよう。

参考・引用文献

・Coase, R. H.（1988）*The Firm, the Market, and the Law*, The University of Chicago.（宮沢健一・後藤晃・藤垣芳文訳（1992）『企業・市場・法』東洋経済新報社）*
・藤島廣二（2009a）「流通の仕組みと機能・役割」藤島廣二・安部新一・宮部和幸・岩崎邦彦『食料・農産物流通論』筑波書房*
・藤島廣二（2009b）「青果物の流通システム」藤島廣二・安部新一・宮部和幸・岩

崎邦彦『食料・農産物流通論』筑波書房*
・Hall, M. (1948) *Distributive Trading: An Economic Analysis*, Hutchinson's University Library.（片岡一郎訳（1957）『商業の経済理論』東洋経済新報社）
・石原武政・池尾恭一・江草善信（2000）『商業学（新版）』有斐閣
・桂瑛一（2020）『青果物流通論―食と農を支える流通の理論と戦略―』農林統計出版*
・宮下正房（2010）『卸売業復権への条件』商業界
・新山陽子（2021）「フードシステムにおける卸売市場の役割と機能―取引ルールの意味，取引費用の節減，そして未来に向けて―」『立命館食科学研究』第3号，213-229頁
・矢野泉（2019）「卸売市場の変遷と公共性」木立真直編『卸売市場の現在と未来を考える』筑波書房ブックレット*

◎さらに深く学習したい人には，＊の図書をお薦めします。

〈コラム〉

「顔のみえる関係」を考える

今日の食品流通の特徴を表す表現として「生産者と消費者の距離が遠くなった」というものがある。さまざまな理由でこの距離を縮める必要があるとの主張もあり，中間流通過程を排除し，生産者と消費者が対面し，直接取引する関係を理想のものとするという考え方もある。インターネット上で注文し，生産者から消費者の自宅まで食料品を配送してもらう取引を「産直」とよぶこともあるが，これは間にウエブサイトの管理業者と宅配事業者が介在し，ピンポイントでの集荷と長距離輸送，消費者への個別配達，そして代金回収という中間流通機能が存分に発揮されているため，直接取引には当たらない。では，真に流通過程を排除した，生産者と消費者に距離のない取引とはどんなものだろうか。

町のなかにある野菜畑の側にこぢんまりとした無人の野菜売り場をみかけることがある。100円を代金回収箱に入れて，採れたての野菜を手に入れる。これは確かに距離が短いが，手に入る商品は限られるだろう。雨の日など，収穫物がない日もあるのではないか。もう少し品揃えがよく，量も豊富にある場所で購入したければ，週末にドライブを兼ねて郊外の直売所に出かけるとよい。地元の採れたての野菜がたくさん並んでいて，タイミングがよければ生産者と顔を合わせ，言葉を交わすことができるかもしれない。まさに「顔のみえる関係」である。ただし，このとき消費者はドライブによって生産者の近くまで一定の距離を移動している。仕事のある平日，用事のある休日には出向くことが難しいだろう。さらに，直売所に出荷される商品は一定範囲の農家からの出荷であり，また，必ずしも選りすぐりの品質のものが出荷されているとは限らない。手に入れられる商品の種類や品質にはどうしても限界がある。

本章を学んでくれた人はすでに気づいていると思うが，間に流通過程がない取引は私たちの社会ではかなり高コストになるのである。通勤・通学・レジャーに便利な都市に暮らしながら，農産物や水産物を生産者と距離のない関係で取引することは困難である。むしろ距離を適切な方法で埋め，天候によって左右される収穫の変動分を調整してくれる機能をもつ流通業者を活用することを多くの人は選んでいるのである。

もちろん，天気のよい週末に自家用車を走らせ，郊外まで野菜を買いに行くことは，すばらしい体験である。農村風景を楽しみ，農産物や農業について家族とともに考える時間をもつことも有益である。日々の暮らしのための間接取引に直接取引を効果的に組み合わせて補完し合う，このような買い物もよいのではないだろうか。

6　食品製造業の展開と産業構造

清原昭子

1．はじめに

加工飲食料品は今日の食生活を支える重要な品目である。農林水産省「平成27年度農業・食料関連産業を中心とした産業連関表」によれば，消費者が飲食料品に支出する金額のうち，50.5%が加工飲食料品に向けられている。生鮮食料品への支出が16.9%，外食が32.6%であることからも，加工飲食料品が私たちの暮らしに欠かせないものであることがわかる。本章では，食品製造業（加工食品，飲料品）の産業規模や業種，そして産業構造の特徴について理解しよう。さらに，食品製造企業による海外進出の動きと国内農水産業とのかかわりについて学ぶことを通じて，食品製造企業の企業行動を理解するとともに，今後の食品製造業のあり方について考えてみよう。

2．食品製造業の産業構造

（1）食品製造業の構造

食品製造業はそこに含まれる業種が多岐に渡るのが第一の特徴である。加工食品，飲料品の製造にかかわる業種は日本標準産業分類において２つの中分類と15の小分類に分けられ，さらに細目として多数の業種に分類される（表６‐１）。このうち，2018年の経済産業省『工業統計表』（表６‐２）によれば，製品出荷額が最も多い小分類は畜産食料品製

表6－1　食品製造業の産業分類

中分類	小分類	細　　目
食料品製造業	畜産食料品製造業	部分肉・冷凍肉製造業，肉加工品製造業，処理牛乳・乳飲料製造業，乳製品製造業，その他の畜産食料品製造業
	水産食料品製造業	水産缶詰・瓶詰製造業，海藻加工業，水産練製品製造業，塩干・塩蔵品製造業，冷凍水産物製造業，冷凍水産食品製造業，その他の水産食料品製造業
	野菜缶詰･果実缶詰･農産保存食料品製造業	野菜缶詰・果実缶詰・農産保存食料品製造業，野菜漬物製造業
	調味料製造業	味噌製造業，醤油・食用アミノ酸製造業，ソース製造業，食酢製造業，その他の調味料製造業
	糖類製造業	砂糖製造業，砂糖精製業，ぶどう糖・水あめ・異性化糖製造業
	精穀・製粉業	精米・精麦業，小麦粉製造業，その他の精穀・製粉業
	パン・菓子製造業	パン製造業，生菓子製造業，ビスケット類・干菓子製造業，米菓製造業，その他のパン・菓子製造業
	動植物油脂製造業	動植物油脂製造業，食用油脂加工業
	その他の食品製造業	でんぷん製造業，めん類製造業，豆腐・油揚製造業，あん製造業，冷凍調理食品製造業，惣菜製造業，すし・弁当・調理パン製造業，レトルト食品製造業，他に分類されない食料品製造業
飲料･たばこ･飼料製造業	清涼飲料製造業	清涼飲料製造業
	酒類製造業	果実酒製造業，ビール類製造業，清酒製造業，蒸留酒・混成酒製造業
	茶・コーヒー製造業	製茶業，コーヒー製造業
	製氷業	製氷業
	たばこ製造業	たばこ製造業，葉たばこ処理業
	飼料･有機質肥料製造業	配合飼料製造業，単体飼料製造業，有機質肥料製造業

出所：総務省「日本標準産業分類」（平成25年10月改訂）より作成。

造業（7兆9,268億円）であり，次いでパン・菓子製造業（5兆4,431億円），水産食料品製造業（3兆3,620億円），酒類製造業（3兆3,345億円）と続く。このような食品製造業の生産活動はどのような産業の構造によって支えられているのか，表6－2に示したデータによって詳しくみてみよう。同表には食品製造業各業種の事業所数，従業者数，原材料

表６－２　食品製造業の生産指標（2018年）

業種	事業所数（カ所）	従業者数（人）	原材料使用額等（億円）	製造品出荷額等（億円）	付加価値額（億円）	資本装備率（万円／人）
食品製造業，飲料製造業計	28,339	1,273,366	216,107	372,899	126,739	783
畜産食料品製造業	3,137	204,619	55,951	79,268	20,207	1,047
水産食料品製造業	5,060	139,372	23,490	33,620	9,006	680
野菜缶詰･果実缶詰･農産保存食料品製造業	1,501	44,784	5,433	8,582	2,781	699
調味料製造業	1,424	52,383	10,741	20,396	8,526	1,292
糖類製造業	128	6,723	3,634	5,470	1,546	3,446
精穀・製粉業	645	15,267	11,583	14,427	2,494	2,486
パン・菓子製造業	4,823	257,049	24,456	54,431	26,502	688
動植物油脂製造業	191	10,254	7,700	10,209	2,078	3,339
その他の食品製造業	8,222	456,142	46,609	81,926	30,930	579
清涼飲料製造業	546	30,533	14,045	24,651	9,245	2,549
酒類製造業	1,459	35,248	8,030	33,345	11,561	4,174
茶・コーヒー製造業	1,055	18,668	4,254	5,930	1,442	1,439
製氷業	148	2,324	181	643	420	1,645

注１）産業分類は表６‐１と同じ。
注２）付加価値額について，従業者29人以下の事業所では，粗付加価値額を計上している。
注３）資本装備率＝有形固定資産額／従業者数　である。資本装備率については従業者30人以上の事業所についてのデータである。
出所：経済産業省「工業統計表（産業別統計表データ）」（2018年）より作成。従業者４人以上の事業所に関するデータである。

使用額，製造品出荷額，付加価値額，資本装備率が示されている。データから，製造品出荷額が多い業種において多くの事業所が存在し，多くの人々が従事し，多額の原材料が使用される傾向にあることがわかる。そして，各企業が新たに生み出す付加価値額も概して製造品出荷額が大きい業種ほど大きくなっている。また，各企業の従業者１人当たりにどれだけの設備投資が行われているかを示す資本装備率は業種によってばらつきがある[1]。この値が大きいのは酒類製造業，糖類製造業，動植物油脂製造業，清涼飲料製造業などであり，これらの業種では生産工程の

1）表６‐２では，資本装備率については従業者30人以上の事業所のデータとなっていることに留意されたい。

機械化が進み省力化が進んでいることがわかる。一方，資本装備率が低い水産食料品製造業やパン・菓子製造業，野菜缶詰・果実缶詰・農産保存食料品製造業では生産工程の特徴から機械化が難しく，労働力を活用して生産されていることがわかる。表６‐２において各業種データの合計を示したのが，最上部の食品製造業，飲料製造業計であるが，これをみると事業所数は２万８千カ所を超え，従業者は120万人を超える。これは製造業全体の15.3%，16.4%を占めており，食品製造業が製造業のなかでも一定のウエイトを占めることを示している。とくに，従業者の占める割合は高く，多くの雇用を生み出す産業であるといえる。

ここまで食品製造業の各業種についてさまざまな指標をみてきたが，これらの業種は独立して存在しているのではなく，それぞれが他業種への原材料の供給元として，あるいは他業種からの購入先としてつながりをもって存在している。図６‐１はフードシステム全体のなかで，川上

図６－１　食品工業の業種連関

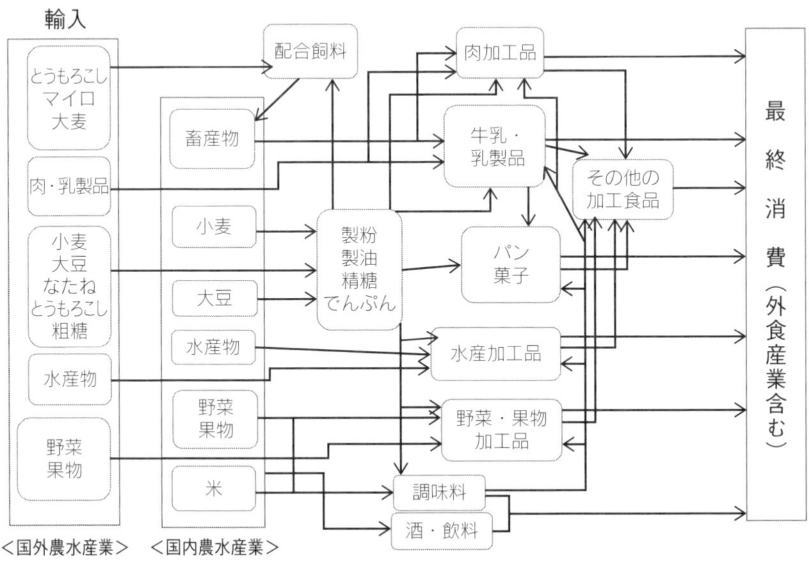

注１）畜産物のと畜解体業，米の精穀業は省略した。
注２）食品製造業の業種分類については表６‐１を参照のこと。
出所：堀口（1993）第２章 p.95図２‐４を参照のうえ，作成した。

である農水産業部門と川中である食品加工部門にとくに注目して，業種間のつながりを表したものである。図中の調味料製造業，製粉，製油，精糖業はその産品が消費者に直接利用されると同時に，食品製造業の他の部門に原材料を提供する素材型業種である。これら以外の加工型業種では，農水産業からの生産物のほか調味料，粉類，食用油，糖類などを原材料として，より加工度の高い食品がつくられている。また，酒類，清涼飲料と茶・コーヒーなどの飲料を製造する業種も他業種の産品を原材料として利用している。図中にはすべての業種とその連関が示されているわけではないが，今日の加工飲食料品の供給システムが複雑な構造をもつことがわかる。この業種の分類に沿って，2008年から2017年までの生産動向を農林水産省『平成31年度食品産業動態調査』をもとにみてみる。2017年における各区分の製造品出荷額（および構成比）は，素材型業種が年間約4兆9千億円（13.9%），加工型業種が同じく約21兆8千億円（61.8%）であり，当該10年間では加工型業種の伸びが目立つ。また，酒類製造業の製造品出荷額はこの期間やや下降気味ではあるものの，2015年以降は年間約3兆3千億円（9.6%）で推移している。酒類以外の飲料製造業はこの期間に徐々に製造品出荷額が伸びており，2017年には年間2兆8千億円（8.1%）となっている。

（2）食品製造業の特徴

フードシステムの副構造の1つに競争構造がある（本書第1章）。ここでは，食品製造業における水平的な競争構造に着目して，業種ごとの特徴をみてみよう。国内出荷，輸出を含めた個別事業者の国内生産量における集中の状況を示す「生産集中度」（公正取引委員会）を用いて，生産集中度が上位にある企業数社の累積生産集中度をみると，その産業や業種の市場が寡占的か，あるいは競争的であるかを判断することができる。

$$生産集中度=\frac{当該事業者が当該品目を国内で生産した量（額）}{当該品目を国内で生産した総量（額）}$$

累積生産集中度が高い業種の例として，ウイスキーやビール，バターのように近代以降に生産技術が海外から輸入されたもの，あるいは即席麺やマヨネーズ・ドレッシング類のように日本で開発されたものでも，比較的新しい製造技術が用いられている食品があげられる。また，これらの業種では，原材料を確保するうえでの地域性も低いため，大量仕入れした食材を使用し，均質な商品を大量に生産する企業が市場シェアの多くを占める。さらに，これらの食品が一般に消費されるようになったのが比較的最近であるため，消費者の嗜好にも地域差が少なく，大量生産品が市場に受け入れられやすいと考えられる。このような生産，消費双方の事情によって，高い集中度をもつ市場が形成されている。

生産集中度が低い業種の例として，清酒，味噌，豆腐，納豆などがあげられる。これらの業種には，古くから消費されてきた食品が多く，伝統的な技術を用いて生産されている。そして，原料生産や製品の加工に適した気候や土地にも地域性があるため，生産できる量には限界がある。また，清酒，味噌のように古くから消費されてきたために地域ごとに消費者の嗜好に違いがある食品も多く，商品の流通が一定範囲に限られるものもある。さらに，豆腐，納豆などの食品では，商品の鮮度が重視される一方で，保存性が低く，流通過程において細やかな温度管理を必要とするために流通コストが高い。上記の理由からこのような業種では，消費地近くに立地する中小規模のローカルメーカーが存続する条件が整っている。

表6‐3には食品製造業のいくつかの業種の従業者規模別の事業所数，従業者数，製造品出荷額などが示されている。ビール製造業をみると，

表 6 - 3　産業細分類別の従業者規模別の事業所数，従業者数，製造品出荷額（2018年）

産業細分類		事業所数（カ所）	（%）	従業者数（人）	（%）	製造品出荷額等（億円）	（%）
処理牛乳・乳飲料製造業	計	249	100.0	18,819	100.0	12,983	100.0
	4～9人	22	8.8	151	0.8	16	0.1
	10～29人	76	30.5	1,418	7.5	375	2.9
	30～99人	80	32.1	4,938	26.2	3,256	25.1
	100人以上	71	28.5	12,312	65.4	9,337	71.9
コーヒー製造業	計	98	100.0	4,394	100.0	2,433	100.0
	4～9人	27	27.6	176	4.0	31	1.3
	10～29人	34	34.7	585	13.3	282	11.6
	30～99人	24	24.5	1,267	28.8	759	31.2
	100人以上	13	13.3	2,366	53.8	1,360	55.9
味噌製造業	計	319	100.0	5,149	100.0	1,192	100.0
	4～9人	175	54.9	1,083	21.0	70	5.9
	10～29人	109	34.2	1,684	32.7	208	17.5
	30～99人	31	9.7	1,586	30.8	348	29.2
	100人以上	4	1.3	796	15.5	565	47.4
ソース製造業	計	134	100.0	6,809	100.0	2,810	100.0
	4～9人	40	29.9	263	3.9	27	1.0
	10～29人	51	38.1	845	12.4	165	5.9
	30～99人	25	18.7	1,464	21.5	654	23.3
	100人以上	18	13.4	4,237	62.2	1,964	69.9
小麦粉製造業	計	74	100.0	3,823	100.0	4,345	100.0
	4～9人	4	5.4	24	0.6	4	0.1
	10～29人	18	24.3	401	10.5	304	7.0
	30～99人	44	59.5	2,134	55.8	2,853	65.7
	100人以上	8	10.8	1,264	33.1	1,184	27.3
パン製造業	計	936	100.0	81,480	100.0	17,493	100.0
	4～9人	272	29.1	1,731	2.1	72	0.4
	10～29人	340	36.3	5,979	7.3	332	1.9
	30～99人	149	15.9	7,554	9.3	702	4.0
	100人以上	175	18.7	66,216	81.3	16,388	93.7
ビール類製造業	計	73	100.0	4,290	100.0	16,120	100.0
	4～9人	17	23.3	94	2.2	18	0.1
	10～29人	27	37.0	540	12.6	80	0.5
	30～99人	12	16.4	811	18.9	16,022	99.4
	100人以上	17	23.3	2,845	66.3		
清酒製造業	計	914	100.0	17,541	100.0	4,391	100.0
	4～9人	334	36.5	2,230	12.7	276	6.3
	10～29人	464	50.8	7,710	44.0	1,231	28.0
	30～99人	98	10.7	4,624	26.4	1,212	27.6
	100人以上	18	2.0	2,977	17.0	1,672	38.1

注 1）産業分類は表 6 - 1 と同じ。
注 2）ビール類製造業については元データの一部が秘匿処理されているため，30～99人と100人以上規模の製造品出荷額等を合算して表記している。
出所：経済産業省「工業統計表（産業別統計表データ）」（2018年）より作成した。

4～9人の小規模な事業所から100人以上の大規模事業所まで事業所はまんべんなく存在しているものの，製造品出荷額の99%以上を従業者30人以上の事業所が占めており，寡占的な市場構造となっている。パン製造業，処理牛乳・乳飲料製造業，ソース製造業にも，類似した市場構造がみてとれる。

食品製造業における市場構造のもう1つの特徴は，1つの業種のなかにも大量生産した商品を全国に流通させるナショナルメーカーと，一定量の商品を限られた地域に流通させるローカルメーカーが存在する二重構造が保たれていることである[2]。これには，清酒，味噌，醤油などの伝統的な食品に加え，ハム，ソーセージ，牛乳，パンなど戦後に広く消費されるようになった食品も含まれる。表6‐3における味噌製造業をみると，従業者100人以上の4社で製造品出荷額の47%以上を占める一方で，4～9人，10～29人といった中小規模の事業所が多数を占めている。清酒製造業にも同様の傾向がみられる。伝統的な業種では先述の通り伝統的食品にみられる生産・流通上の制約を受けるローカルメーカーがある一方で，安価な輸入原料を用いて近代的な技術によって大量生産する方法を確立したナショナルメーカーが併存することで業種内での二重構造が形成されている。

以上のような業種別あるいは業種内での大企業と中小企業の共存が意味することは何だろうか。ナショナルメーカーは規模の経済を生かし，大規模な生産ラインによって，均質で安定した価格の食品の大量供給を行っている。これらの食品が高度に発達した流通網によって全国に届けられることは，食品を安定供給する観点からも重要である。一方で，ローカルメーカーが伝統ある原材料や製法によって，少量でも個性ある食品を生み出し続けることも必要である。原材料や製法にこだわり，限られた市場を対象としたものづくりを続けることは，そのような食品を

2）本節の以下の部分は，清原（2017）を加筆・修正した。

流通させる技術や，その品質を見極める小売業者や消費者の力量を保持することにもつながるのである。

3．食品製造業の展開

（1）食品製造企業による海外進出の動き

本節では，今日の食品製造業の企業行動について概観し，そのあり方を考える。食品製造業の生産にはその原材料として農水産物は必須であるから，それを供給する農水産業との結びつきは欠かせない。また，製品の販売先として流通業を通じた最終消費者との結びつきも欠かせない。ここでは，これらの結びつきに着目して食品製造業の企業行動をみてみよう。今日，食品メーカーによる他産業や消費者との結びつきは国境を越えることも珍しくない。その活動は原材料の輸入や製造品の輸出にとどまらず，事業の多くの部分を国外で展開する超国籍企業[3]も増えている。その一方で，国内や自らの立地する地域の農水産業との結びつきをあえて保持しようとする企業もある。以下では，まず，国外における食品メーカーの活動実態について，続いて，原材料取引を通じた国内の農水産業とのかかわりについて考えてみよう。

製品やサービスを本国から輸出する活動だけでは超国籍企業とはいえない。超国籍な事業のあり方としては２つのパターンがある。１つは国外で生産した食料品を国内に輸入するものであり，国外の原材料を用いながら国内市場向けに品質を調整した商品をつくり出しそれを輸入するパターンである。「開発輸入」とよばれるこのパターンでは，原材料となる農水産物の品種やその栽培技術まで現地に導入し，それを加工することで国内向けの商品を生み出す。もう１つは国外で生産した商品を現地の市場へ供給したり第三国へ輸出したりするパターンである。この場

3）企業による国境を越えた事業活動を「マルチナショナル（多国籍）」と表現する場合もあるが，ここでは「トランスナショナル（超国籍）」という用語を用いる（本書第１章）。

合には，商品の供給先の市場に合わせた原材料調達と加工が行われることになり，企業活動の現地化が進行しているといえる。

では，食品に関連する超国籍企業についてはどのように定義されるのか。ここでは「多国籍アグリビジネス」という概念を紹介しておく。松原（2004）によれば，多国籍アグリビジネスとは，直接投資や合弁事業などによって，国境を越えた事業を展開している農業資材，食品加工，流通などの農業・食料関連分野の大企業のことである。多国籍アグリビジネスは１つの部門だけでなく，川上から川下までの食料の流れを国際的規模で統合・調整することを積極的に推進しているとされる。日本でも，国内市場の縮小を受けて，企業活動を現地化するための海外投資を行う食品メーカーが増加している。

次に，経済産業省「海外事業活動基本調査」によって，わが国の食品製造業の海外現地法人の設備投資額，経常利益の推移をみると，2010年度から2017年度までの期間に設備投資額は2.9倍の1,776億円に，売上高は2.3倍の57,732億円に，当期純利益は約2.0倍の4,076億円に伸びており，国内の加工食品および飲料市場の伸びが停滞していることとは対照的である。さらに表６‐４において，日本の食品製造企業による海外現地法人の地域別（うち最も多い国）企業数，常時従業者数，売上高をみてみる。同表からわかるように，地域別で最も企業数，常時従業者数，売上高が多いのはアジアであり，そのうち国別では中国が最も多い。次いで，北米（アメリカ），ヨーロッパ（EU）と続く。地理的な距離の近さ，あるいは経済的つながりが強い地域での活動が相対的に多いことがわかる。ただし，2013年度から2017年度までの期間をみると，北米，ヨーロッパにおける売上高の上昇が目覚ましく，これらの地域での事業活動が活発化していることがわかる。

また，以上のデータを裏付けるように，日本を代表する食品メーカー

表6－4　食品製造業の地域別・国別海外現地法人の状況（2017年度）

地域・国	企業数（社）	常時従業者数（人）	売上高（百万円）
全地域計	521	260,409	5,773,159
北米	90	23,493	1,336,612
うちアメリカ	(83)	(20,420)	(1,222,024)
中南米	17	12,602	240,913
うちブラジル	(8)	(x)	(x)
アジア	352	197,265	2,942,855
うち中国	(164)	(130,785)	(1,831,280)
ヨーロッパ	43	22,727	976,463
うちEU	(41)	(x)	(x)
オセアニア	18	4,322	276,316
うちオーストラリア	(14)	(3,368)	(243,724)

注1）表中のxはデータの一部に秘匿措置のため非公開の値が含まれることを示す。
注2）企業数の全地域計には，アフリカの1社を含む。
出所：食品産業センター「令和元年度版食品産業統計年報」より作成。原資料は経済産業省「海外事業活動基本調査」（2017年）。

も海外事業を活発に展開している[4]。例えば，カゴメはトマトソースや業務用ソースの生産拠点をアメリカ，イタリア，ポルトガルなどに設け，そこを拠点として製品を北米，ヨーロッパ，中東，アジアの各国に輸出している。また，キッコーマンはアメリカ，オランダ，中国，台湾，シンガポールに醤油類の生産拠点を設けている他，欧州，北米，アジア各国に卸売業のグループ会社をおくことで，世界各国への商品供給を可能にしている。その結果，2020年3月には同社の事業所の所在地別売上高は国内が1,882億円（40%）に対し，国外が2,817億円（60%）を

4）この部分の記述には各社のHPを参照した。（2021年2月7日採録）
カゴメ株式会社 http://www.kagome.co.jp/company/about/group.html#oversea
キッコーマン株式会社 https://www.kikkoman.co.jp/ir/lib/oversea.html
味の素株式会社
https://www.ajinomoto.co.jp/company/jp/aboutus/data/global.html

占めている。味の素は，研究開発の拠点をアジア，ヨーロッパ，南米，北米に設けており，事業の核となる研究開発も国外で展開する体制となっている。

以上のデータと事例から，広く「日本企業」と考えられている企業のなかにも超国籍企業と位置づけられるものがあることがわかる。このような超国籍企業は，原材料の仕入れ，生産，販売という企業活動の各場面において進出先，販売先各国の市場や制度からの影響を受ける。同時に，これら企業の行動が各国の食料消費や関連産業に影響を与える可能性もあり，広域かつ国際的に活動する企業として，戦略だけでなく，高い倫理が求められることになる。

(2) 関連産業との取引と共存

先にも述べたように，食品製造業と国外の市場との結びつきは年々強まっている。ここでは，原材料調達の側面に着目して，関連する農水産業とのつながりをみてみたい。経済産業省「工業統計」によれば，食品製造業全体では，原材料費が製品出荷額の60.7%を占めており（2017年），原材料をどこに求めるかは，企業としてどの国，どの地域とのつながりを求めるのかという重要な選択ともいえる。表6-5にフードシ

表6-5　主な業種における食材の国産品仕入割合

（単位：%）

業種	豚肉	牛肉	鶏肉	水産物	生鮮野菜
食品製造業	52.5	37.3	89.1	88.3	63.0
食品小売業	82.5	75.9	88.8	74.6	94.4
外食産業	67.9	65.4	50.9	63.0	93.4

注1）豚肉，牛肉，鶏肉は平成20年度，水産物，生鮮野菜は平成19年度の調査結果である。

注2）豚肉，牛肉は数量（枝肉）ベース，鶏肉，水産物は数量（実量）ベース，生鮮野菜は金額ベースのデータより算出した。

出所：農林水産省「食品産業活動実態調査報告（各年度）」より作成。

ステムの川中，川下の各産業について，主な原材料・仕入品のうち国産品が占める割合を示した。同表によれば，一部の食材を除き，食品製造業における国産品の仕入れ割合は低い。仕入れ割合を品目別にみると，食品製造業では水産物と鶏肉は国産品の仕入れ割合が比較的高い。牛肉については食品製造業が他産業と比較して国産品の仕入れ割合が低い。小売業，外食産業では消費者の産地へのこだわりに応じて比較的国産品の取り扱いが高くなるのに対し，加工品の原材料には消費者のこだわりが相対的に低いため，食品製造業では輸入原材料の使用が多くなると考えられる。さらに，生鮮野菜については，小売業，外食産業において国産品の仕入れ割合が圧倒的に高いことに対し，食品製造業では低い。これは前者が生食用として消費者に提供する割合が高いことに対し，加工用原料として生鮮野菜を仕入れる食品製造業では鮮度や産地に対する消費者のニーズが異なるため，輸入原材料の仕入れが多くなると考えられる。

さらに表には示していないが，農林水産省による「令和元年度米麦加工品製造業における原材料使用実績調査」によると，パン製造業（調査対象16社）で使用される小麦粉のうち3.1%が国産，麺類製造業（同72社）では10.2%が国産という結果が示されており，今日の食生活に欠かせないパン，麺類の主要な原材料である小麦はほとんどが国外からの輸入で賄われていることがわかる。また，味噌製造業（同15社）で使用される麦類のうち大麦の37.5%，はだか麦の29.5%，大豆のうち4.9%が国産であり，醤油製造業（同885社）については小麦の22.4%，大豆の21.6%が国産という結果である。このように伝統的な調味料を製造する業種においても国外からの原材料調達が確立していることがわかる。国外の農水産業とのつながりなしには，食品製造業の生産活動のみでなく，われわれの食生活自体が成り立たなくなっているといえよう。多くの輸入原材料は国産原材料と比較すると安価であり，加工に適した同一規格の品が年間を通じて安定的に供給されるため，食品製造業にとって製造コストの削減と，原材料の数量，品質の安定的確保の観点から有利である。このため，食品製造業と輸入原材料用農水産物の強いつながりができあがったと考えられる。

このような状況のもとでも，伝統的，地域的な固有の製品づくり，あるいは食文化を支える味に力を入れ，国内産の原材料を使用する努力をしている食品製造業者は少なくない[5]。その一端を紹介すると，関西の伝統的な味噌のメーカーでは地元農家から大豆，米を調達し，最高級の味噌をつくっている。醤油メーカーでは，小麦を全量国産に切り替え，また地元農家と共同で大豆や小麦の栽培テストを行い，加工用に向いた品質の向上，収量増に取り組んでおり，レトルト食品のメーカーでも国産ジャガイモを使用し，また地元農家と栽培方法を工夫しながら香料野菜を調達している。同じく惣菜メーカーでは国内農家と相互に製造現場と農場を訪問し合うなどして，原料生産と製品づくりについて互いの理解を深め，加工向けの原料生産や物流の方法を工夫している。現在，大手スーパーマーケットチェーンが加工食品の値引き販売を頻繁に行うなかで，自らの製品価格を維持できなければ，国産原料を使い続けることは難しい。これらのメーカーでは，製品づくりへの強い信念とともに，互いの経営が成り立ち，共存できる関係をつくるという明確な経営理念をもっていることが多く，そのもとで農業生産者との持続的な関係を維持しようとしている。

このような取り組みを公的に支える仕組みもある。農林水産省と経済産業省が，国内農林水産業と食品製造業（工業），流通業（商業）の結びつきを「農商工連携」として支援する仕組みを設けている。「農商工等連携促進法」（2008年施行）にもとづき，異業種間の商談や交流に関

5）本田（2009），鷹田（2009），田中（2009），則藤（2009）を参照。

する情報提供の他，優良事例認定や連携事業への低利融資，資金助成なども行っている。

4. むすび

本章では食品製造業の産業構造と特徴，関連産業とのつながりや企業行動について学んだ。今日の食品製造業は多様な業種と規模の事業主体からなり，それはわれわれの食生活が多様であることも意味している。安価で大量の生産を実現するために，食品メーカーは国内に加え世界各地から最適な原材料を仕入れ，加工している。さらに，一部の企業は成長と存続のために国外へも事業を拡大し，研究開発から生産，販売活動を国境と地域を越えて展開している。その一方で，国内，地域の農水産業と結びついた原材料仕入れ，生産，販売を行っている企業も存在する。

本章のまとめとして，大規模な生産と広域販売のためのシステムと，小規模で地域に密着した生産，販売のシステムの併存の意義を指摘したい。安価な量産品と，品質，原材料へのこだわりから地域とのかかわりを保持した少量生産品，これらはいずれも真の意味で「多様で豊かな食生活」に欠かせない。両方のシステムが存続していける原材料調達，生産，販売の仕組みとはどのようなものだろうか。他の章での学習でも，このことを考えてみよう。

《キーワード》 産業組織，集中度，二重構造，関連産業との共存

学習課題

1．食品製造業の業種を1つ例にあげ，その産業構造や農業，流通業とのかかわりについて調べてみよう。

2．食品製造業において，大規模な生産と広域販売のためのシステムと，小規模で地域に密着した生産，販売のシステムが併存していくことにはどのような意義があるだろうか。平時と緊急時（災害時など）の両方の場面で考えてみよう。

参考・引用文献

・本田茂俊（2009）「みその製造現場からお伝えしたいこと」『農業と経済』第75巻第11号，55-61頁

・堀口健司編著（1993）『食料輸入大国への警鐘』（全集　世界の食料　世界の農村⑲）農山漁村文化協会

・清原昭子（2017）「食品製造業の二重構造」小池恒男・新山陽子・秋津元輝編『新版キーワードで読み解く現代農業と食料・環境』昭和堂

・薦田裕（2009）「地産原料による淡口醤油醸造へのとりくみ」『農業と経済』第75巻第11号，62-68頁

・松原豊彦（2004）「世界の食糧事情と多国籍アグリビジネスによる食料支配」『現代の食とアグリビジネス』有斐閣選書*

・則藤孝志（2009）「プロの味を支える製品づくりと原料調達」『農業と経済』第75巻第11号，78-83頁

・田中秀幸（2009）「生産者と目標を共有し，一体感をもって商品を作る」『農業と経済』第75巻第11号，69-75頁

・矢作敏行編著（2014）『デュアル・ブランド戦略―NB and/or PB』有斐閣*

◎さらに深く学習したい人には，＊の図書をお薦めします。

〈コラム〉

PB商品

スーパーマーケットやコンビニエンスストアで，小売チェーン独自のマークを付けた商品をみかけることが多くなった。これはメーカー固有のブランド（NB）商品に対し，小売業のプライベートブランド（PB）商品とよばれる。今日では，納豆，豆腐，牛乳，ヨーグルト，飲料，食パン，調味料などの加工食品から，衣料品や住関連用品にも広がっている。パッケージや広告に無駄な費用がかからず，品質のよいものを手頃な価格で提供できるメーカーと小売業の共同開発商品，というのが一般的な印象ではないだろうか。

しかし，これらを製造する食品製造業の側からみると，PB商品の異なる側面が見えてくる。PBが対象とする日配品や加工食品は同じカテゴリーに類似商品が多く，差別化が難しい。本来は品質にこだわった商品づくりから始まったものの，次第に価格競争が激しくなり，今日では「安さ」だけにウエイトのおかれたPB商品が氾濫している状態である。大手小売チェーンから，自らのNB商品より大幅に安い納品価格を要求され，包装費や流通コストのうえに，原材料費まで削減しなければならない厳しい状況におかれる食品メーカーが少なくない。その結果，味，風味，見た目など，食品本来の品質が劣る商品が流通することになり，また利幅の少ない商品を大量供給することで，商品開発など企業の成長に必要な投資もできない状態に追い込まれるメーカーもある。

一方で，強力なNB商品と多数の工場を有する大手の食品メーカーのなかには，PB商品の生産を一定割合にコントロールし，取り組む商品のカテゴリーや市場セグメントを自社の主力商品と棲み分けることで，自社のブランド戦略を維持しながらPB商品に取り組んでいるところもある。しかし，食品製造業の大多数を占めるのは中小規模のメーカーであり，このような戦略的な取り組みができるメーカーは限られている。PB商品の受託製造を請け負う中小メーカーの多くが，みずからの主力商品と同じカテゴリーでの商品供給を余儀なくされ，そのPB商品によって自らのNB商品の売り場を奪われる事態まで起こっている。「安くてよい品」と，私たちが当たり前のように口にする言葉の意味を考えてみる必要があるのかもしれない。（矢作（2014）参照）

7　外食産業と中食の現状とこれから

清原昭子

1．はじめに

外食産業と中食（なかしょく）は，今日の食生活を特徴づける重要な産業である。われわれの周囲を見渡すとさまざまな店が建ち並び，多様なスタイルで食事を提供している。休日に友人や家族とお気に入りのレストランで食事をすることを楽しみにしている人も多いだろう。あるいは，仕事の合間に手軽に昼食を取ろうと，ラーメンや丼物の店を利用している人もいるのではないだろうか。また，仕事や学校の休憩時間に最寄りの店舗で購入した弁当やサンドイッチを食べる光景もすっかり日常になじんでいる。外食サービスや中食商品の利用は，喫食前の工程である食材調達や調理，あるいは喫食後の後片付けといった工程の全部あるいは一部を世帯外の事業者によって代替させることを意味する。

今日，上記のサービス，商品は多様な事業者によって提供されている。はじめに，その担い手の分類をみてみよう。図７-１は，「日本標準産業分類」（平成19年改定）にもとづき，飲食店，持ち帰り・配達飲食サービス業，飲食料品小売業の関係を示している。同図において，飲食店に位置づけられるのは，客の注文に応じ調理した飲食料品，その他の食料品，アルコールを含む飲料をその場で飲食させる事業所およびカラオケなどにより遊興飲食をさせる事業所である。これには食堂やレストラン，酒場やビヤホール，喫茶店などが含まれる（内訳については126ページの表７-１を参照のこと）。また，これらの事業所のなかには，そ

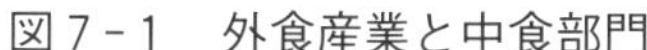

図７－１　外食産業と中食部門

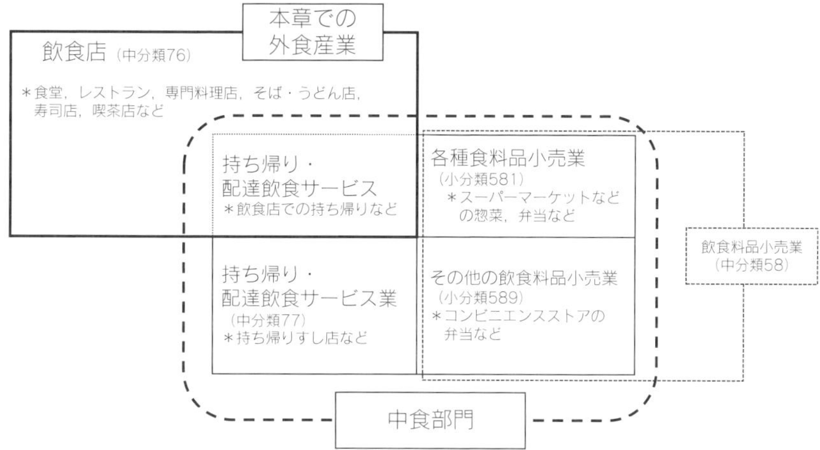

出所：「日本標準産業分類」（平成19年改定）にもとづき，作成。

の場所での飲食と並行して持ち帰りや配達サービスを行っているものも含まれ，これらは上記のレストランなどとあわせて飲食店（中分類76）と分類される。本章では，これらの飲食店を「外食産業」とよぶ。

また，客の注文に応じ，調理した飲食料品を提供する事業所であっても，その場所で飲食することを主たる目的とした設備を有さないものは，持ち帰り・配達飲食サービス業（中分類77）と分類される。持ち帰りすし店やクレープ屋，仕出し料理や弁当屋，ケータリングサービス店の他，病院給食業などがこれに相当し，中食商品を提供している。

さらに，スーパーマーケットやコンビニエンスストアでも弁当やサンドイッチなどの調理済み食品が販売されている。これらの多くは客の注文に応じて調理する方式ではなく，他の事業者から仕入れたり，あるいは作り置きしたりすることで予め準備された飲食料品を提供する事業所であり，上記の分類には当たらない。スーパーマーケットは飲食料品小売業の中の「各種食料品小売業」(小分類581)，コンビニエンスストアは「その他の飲食料品小売業」(小分類589) であり，それらの取扱商品のなかに中食商品が含まれていると位置づけられる。

以上のように中食商品を提供する事業者は，飲食店（外食産業)，持ち帰り・配達飲食サービス業，飲食料品小売業と幅広く分布しており，「中食産業」を定義することは難しい。本章では，上記の外食産業と中食を提供する事業者に着目しつつ，その市場規模と特徴について述べ，外食サービス，中食商品を供給する産業と事業者について解説する。そして外食産業や中食商品が社会に与える影響を踏まえ，今後のあり方についても考える。

2. 外食産業の産業構造

(1) 市場規模と業種

はじめに，外食産業の市場の動向について見てみよう。図7-2には，1980年から2019年までの外食産業と料理品小売業の市場規模の推移が示されている[1]。1980年代後半から90年代前半にかけて「食の外部化」が進行するのに並行して市場規模は拡大を続け，この期間には「外食産業」という用語が広く使われるようになった。さらに1980年代後半から90年代初めにかけての「バブル経済」の時期には，外食産業（とくに食堂・レストラン部門）は成長を続けた。バブル経済崩壊後の1997年をピークに市場は縮小傾向にあったが，2010年以降も23兆円を超える規模をもち，2019年には再び26兆円を超えている。同年には，消費者による外食部門への支出は食料消費全体の約24%を占めている。また，料理品

1）同図における，外食産業は「日本標準産業分類」(平成14年改訂) に従っており，図7-1中の「飲食店」に，集団給食施設と宿泊施設における食事，国内線機内食を含んでいる。これら施設などでの食事も外食に含める方が実態に則しているため，ここではその分類によるデータを利用する。なお，同図の作成に用いたデータは「日本標準産業分類」に則って作成された政府統計を用いて推計されている。

図7－2　外食産業および料理品小売業の市場規模の推移（実数）

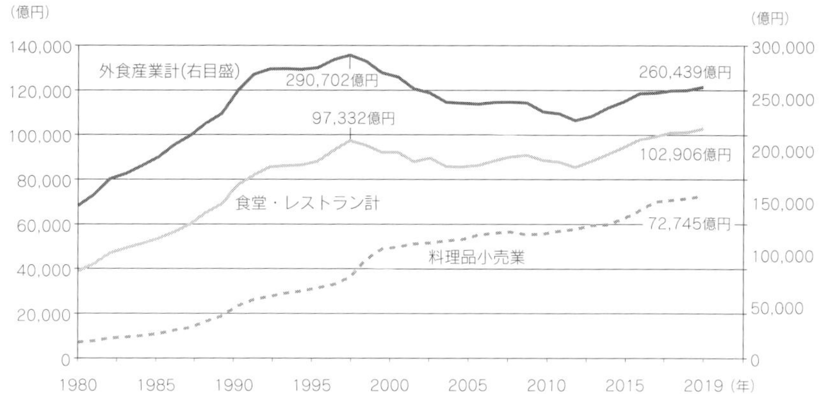

注1）外食産業計には，表7－1に示す業種の他，給食施設と宿泊施設における食事，国内線機内食も含む。料理品小売業は含まない。データの連続性を担保するため，総務省「日本標準産業分類」（平成14年改訂）に準じている。

注2）料理品小売業は，主として各種の料理品を小売りする事業所であり，弁当給食事業は除く。例：惣菜屋，折詰小売業，揚げ物小売業，仕出し弁当屋，駅弁売店，調理パン小売業，おにぎり小売業など。スーパーマーケット，百貨店などのテナントとして入店しているものの売上高は含まれるが，総合スーパーマーケット，百貨店が直接販売している売上高は含まれない。

出所：一般社団法人日本フードサービス協会による推計値をもとに作成。

小売業として示されている業種では，期間を通じて一貫して市場が拡大している。同図の料理品小売業には，図7－1における持ち帰り・配達飲食サービス業（中分類77）市場の一部しか反映されていないが，その拡大は中食商品がわれわれの食生活に浸透してきた実態と符合する。そして，2019年には飲食店および持ち帰り・配達飲食サービス業の従業者数は約480万人となっている（総務省「サービス産業動向調査年報」（2019年））。

続いて，外食産業の特徴について，表7－1をもとに考えてみよう。ここでは，日本標準産業分類の中分類「飲食店」に含まれる小分類を「業種」ととらえる。表中の業種の分類名をみるとわかるように，どん

表7－1　外食産業の業種別事業所数，従業者数など（2016年）

	事業所数	従業者数（人）	常用雇用者数（人）	うち正社員（%）	個人業主による経営
外食産業合計	499,542	3,626,018	2,972,022	18.2	312,729
食堂・レストラン	43,192	372,404	315,623	15.1	24,007
専門料理店計	129,189	1,150,494	969,803	20.1	69,860
日本料理店	41,456	413,203	349,225	19.3	20,415
中華料理店	39,084	276,697	223,037	23.0	23,851
焼肉店（東洋料理のもの）	15,023	153,108	132,657	16.5	8,141
その他の専門料理店	33,626	307,486	264,884	20.6	17,453
そば・うどん店	25,347	175,139	138,753	19.0	15,284
すし店	20,135	232,443	203,466	15.3	12,236
喫茶店	54,194	254,093	183,110	15.5	42,414
その他の飲食店計	22,062	264,042	237,765	9.0	11,273
ハンバーガー店	4,611	139,656	135,171	6.4	199
お好み焼き・焼きそば・たこ焼き店	12,864	52,533	34,911	18.0	10,343
その他[注2]	4,587	71,853	67,683	9.4	731
バー・キャバレー・ナイトクラブ	65,635	215,870	125,200	18.9	60,446
酒場・ビヤホール	93,787	525,976	389,968	20.3	69,463
持ち帰り・配達飲食サービス	46,001	435,557	408,334	23.3	7,746

注1）一部の業種名について表記をわかりやすく変えたものがある。
注2）「その他」は「その他の飲食店」のうち，ハンバーガー店，お好み焼き店などに分類されないものである。
出所：総務省統計局「経済センサス（活動調査）」（平成28年）より作成。

なジャンルの料理品を提供するかという観点によって分かれている。同表には，業種ごとの事業所数，従業者数とその内訳（常用雇用者数，うち正社員の割合），個人業主による事業所数が示されている。同表によると，外食産業の事業所は50万店に迫り，その半数以上の約31万店が個人業主によって経営されている。一方，常用雇用者に占める正社員の割合は多くの業種で10％台であり，他産業と比較すると低い水準にある[2]。これは，外食産業に従事する人の多くが正社員以外のいわゆる非正規雇用者であることを意味しており，他産業と比較するとその割合は高い。飲食店の中で最も事業所数が多い業種である専門料理店についてみてみると，事業所数は13万店近く，そのうち５割以上の約７万店が個人業主によって経営されている。そして正社員として働いているのは20.1％に過ぎない。さらに，正社員の割合が低いのは，チェーン展開する事業所が多い業種である。中でもチェーン展開する外食企業ではとくに正社員の割合が低い。例えば，その他の飲食店に分類されるハンバーガー店をみると，同表では4,611店のうちわずか199店（4.3％）が個人事業主であり，法人経営が多くを占める。また，常用雇用者に占める正社員の割合は6.4％と低い。ハンバーガー店に限らず，多くのチェーン店舗ではアルバイトなどの非正規雇用者が多く従事している。

（２）業態ごとの特徴

次に，業態に着目して外食産業における店舗の多様性について考えてみよう。外食産業はさまざまな種類の食事をそれぞれ特徴ある店舗，サービスによって提供している。表７-２は一般社団法人日本フードサービス協会による外食産業の業態分類である。同表では，外食店舗について消費者の利用形態と提供される食事の内容，客単価によって業態を分類している。これによると，ファミリーレストランやパブレストラン・居酒屋，ディナーレストランと区分される業態はイートイン，つまり店内飲食が中心であり，食事の提供から配膳，後片付けまでを店員が行うというフルサービスで食事が提供される。このうち，ファミリーレストラン，ディナーレストランでは食事中心に提供されており，２業種の間には客単価の違いがある。パブレストラン・居酒屋業態では食事に

2）総務省・経済産業省「経済センサス（活動調査）」（平成28年）によれば，全産業平均の割合は61.6％（常用雇用者4,914万人のうち正社員が3,026万人）である。

表7-2　外食産業の業態分類

	消費者の利用形態	提供内容	客単価
ファストフード	イートインあるいはテイクアウト	食事中心	やや低い
ファミリーレストラン	イートイン中心	食事中心	中
パブレストラン／居酒屋	イートイン中心	食事および酒類	やや高い
ディナーレストラン	イートイン中心	食事中心	高い
喫茶店	イートインあるいはテイクアウト	ソフトドリンク中心	低い

注）一部の業種名について表記をわかりやすく変えたものがある。
出所：一般社団法人日本フードサービス協会「外食産業市場動向調査（調査概要）」を参照し，作成した。

加えて酒類が提供され，売上に占める酒類の比重が高い事業所もあることから，客単価は高い傾向にある。さらに，ファストフード，喫茶店に分類される業態では店内飲食に加え，テイクアウト（持ち帰り）も併用される（図7-1中の「飲食店」の右下部分に相当する）。ファストフードでは食事，喫茶店ではソフトドリンク中心に飲食料品が提供され，客単価は相対的に低い。

ところで，表7-2に示したような業態ごとの特徴がみられるのは，消費者が各店舗とサービスの違いを認識し，その時々の利用動機，つまり「いつ，誰と，どんな目的で食事をするのか」によって店舗を使い分けていることとも関連する。外食の各店舗は消費者の利用動機に対応して，外食事業者はターゲットとする顧客を想定し，立地や店舗デザイン，サービスの水準を決定する。そして，食材の品質，調理技術の高さが食事の価格に影響するのと同時に，仮にこれらの要素は同じでも提供される店舗の立地や雰囲気，そしてサービスの水準が価格に影響するのである。例えば，同じコーヒーという商品が，セルフサービスのファストフード店では100円程度で提供されるのに対し，高級ホテルのラウンジではその10倍近い価格で提供されることがある。これは，コーヒーそのものの品質差だけでは説明がつかず，それを提供する店舗の立地や施設，店内の雰囲気や従業員のサービスなど，提供の仕方の違いによるところも大きい。

3．外食市場と技術の特徴

（1）激しい市場競争

外食産業は激しい市場競争のなかにある。多くの来店客で賑わう店や予約のとりにくい店がある一方で，なじみの店舗がいつの間にか閉店したり，別の店舗になっていたりという経験はないだろうか。表7-3には総務省・経済産業省「経済センサス」のデータを元に，外食産業の各業種において2014年から2016年の期間に存続していた事業所，新たに開設された事業所，廃業した事業所の数を示している。期間中9万軒近くの事業所が新たに開設されている一方で，すべての業種で廃業した事業所数が開設された事業所数を上回っており，外食産業において生き残ることの難しさを示している。また，同表には2014年時点で存在していた事業所（存続事業所＋廃業事業所）数に占める廃業事業所数の割合を示している。外食産業全体の割合は全産業における割合を4ポイント以上上回っており，業種別では「すし店」以外のすべてが全産業を上回る状況にある。図7-2に示したように，近年の外食市場全体の成長は緩やかであり，かつ人口の減少によって今後，拡大の余地は限られている。また，安定した集客のために，外食店舗が立地可能なエリアは人口集積地域になりがちである。このような外部環境の中，外食店は限られた市場を奪い合い，熾烈な競争を余儀なくされる。このような市場環境は

表7－3　外食産業の業種別にみた開業・廃業の動向（2014―2016年）

	存続事業所数（A）	新設事業所数	廃業事業所数（B）	B／(A＋B)（%）
全産業	4,804,865	535,918	806,037	14.4
飲食店合計	558,739	88,694	126,660	18.5
食堂・レストラン	44,556	5,773	8,836	16.5
専門料理店計	146,828	24,338	32,973	18.3
日本料理店	43,998	5,483	7,459	14.5
中華料理店	45,381	7,291	10,873	19.3
焼肉店（東洋料理のもの）	16,601	2,376	3,059	15.6
その他の専門料理店	40,848	9,188	11,582	22.1
そば・うどん店	26,241	2,896	4,858	15.6
すし店	20,881	1,676	3,267	13.5
喫茶店	58,310	8,888	12,415	17.6
その他の飲食店計	23,959	3,317	5,834	19.6
ハンバーガー店	4,803	703	1,315	21.5
お好み焼き・焼きそば・たこ焼き店	14,081	1,566	2,952	17.3
その他	5,075	1,048	1,567	23.6
バー・キャバレー・ナイトクラブ	83,736	11,938	21,951	20.8
酒場・ビヤホール	106,649	18,327	25,308	19.2
持ち帰り・配達飲食サービス	45,264	10,786	10,847	19.3

注1）業種の分類は表7－1と同じ。

注2）「存続事業所」とは平成28年「経済センサス（活動調査）」で把握された事業所のうち，平成26年（2014年）「経済センサス（基礎調査）」でも把握されていたものを指す。「新設事業所」とは平成28年（2016年）調査時に存在した事業所のうち平成26年（2014年）7月以降に開設した事業所をいい，「廃業事業所」とは平成26年（2014年）「経済センサス（基礎調査）」で調査された事業所のうち平成28年「経済センサス（活動調査）」で把握されなかった事業所をいう。

注3）管理，補助的経済活動を行う事業所，個人・法人事業所，単独事業所・本所・支所を含む値であるため，合計と内訳の計は一致しない。

出所：総務省・経済産業省「経済センサス（活動調査）」（平成28年）より作成。

「レッド・オーシャン」(キム，モボルニュ 2015) とも表される。

(2) 技術と伝承

次に，外食産業における技術面の特徴を考える。第2節第2項で述べたように外食産業は提供する料理品やサービスの水準のばらつきが大きいという特徴がある。そして，この差は人的な資源や事業所の規模，運営方式によっても影響を受けている。

ここでは人的な資源に着目し，外食産業に関連する調理，接客などの技術について考える。調理技術は基本的に個人に属するという特徴がある。和食の調理師や板前，西洋料理におけるコックやシェフなど，徒弟制度のもとで数年から十数年という時間をかけて調理技術と厨房の運営管理を身につけた者は単なる労働力ではなく有為の人材として位置づけられる。いったん獲得された技術は半永久的にそれを獲得した個人に属し，技術に裏付けられた個性ある店舗がそれぞれの「のれん」を掲げる。このような属人的な技術はそれを保持する人から他の人へ短期間に伝えることが難しい，伝播コストが高い技術である。従来，外食店では属人的技術を人から人へ時間とコストをかけて伝承してきたのである。

これに対し，1980年代に成長したチェーン店では，これらの技術を標準化し，比較的短期間に多くの人が修得することを可能にした。その過程で，調理作業を店舗から切り離し，セントラルキッチンに集約することで，店舗での業務を販売と接客に集中させた。セントラルキッチンでは，一律のレシピに従い大量に調理することで商品の味を画一化すると同時に調理コストの削減を図った。今日では，調理工程は食品製造業など他産業へのアウトソーシングが進み，委託先は海外へも広がっている。さらに，各店舗での販売と接客の業務においては標準化されたマニュアルを用いることで，接客技術の伝播を容易にした。この結果，調理過程においては規模の経済が働き，店舗業務においてはアルバイトなどの低賃金労働を活用することで，低コスト化を進めてきたのである。いわば，組織として標準化した技術を保持し，受け継ぐ体制を構築したといえる。

前者のような専門的人材に依る店舗と，後者のような人材入れ替えのコストが低い店舗では，提供する料理品，サービスには当然違いが生まれ，それにより価格にも差が生じるのである。

4．中食市場の拡大

外食産業の成長が停滞する中，中食商品の市場が成長を続けている。中食を食事の形態の視点から定義すると，「家庭外の人によって家庭外で調理されたものを，家庭内外で食べる」ことであり（時子山・荏開津・中嶋 2019），調理済みのコロッケ，サラダ，持ち帰りの寿司や麺類，ピザ，調理パン，弁当などの商品がこれに相当する。また，中食を代表する商品カテゴリーである惣菜については，「市販の弁当や惣菜など，家庭外で調理・加工された食品を家庭や職場・学校・屋外などに持ち帰ってすぐに（調理加熱することなく）食べられる，日持ちのしない調理済食品」と定義されている（一般社団法人日本惣菜協会 2020）。

日本惣菜協会の推計によると2019年における惣菜の市場規模は10兆3,200億円とされる。また，図７-３に示すように，2008年以降の惣菜の市場規模の拡大ペースは外食や「食」全体の市場規模のそれを上回り，中食部門が食料消費において成長部門であることがわかる。

この定義のような中食商品は図７-１で示したように多様な業種の事業者を通じて消費者に提供される。外食産業，つまり飲食店での持ち帰りに加え，持ち帰りすし店や弁当屋などの専門店の他，スーパーマー

図７－３　内食，中食，外食，食市場規模の推移（2008年＝100）

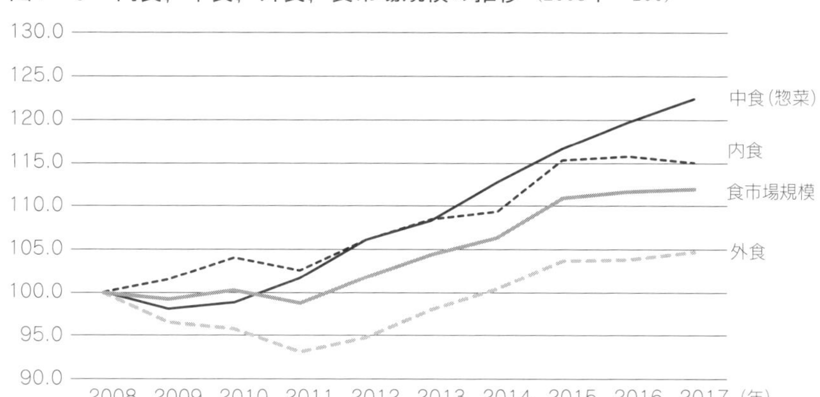

注１）外食は公益財団法人食の安全・安心財団「外食市場規模」より算出した。
注２）中食（惣菜）は一般社団法人日本惣菜協会「惣菜白書」惣菜市場規模推移より算出した。2012年より袋物惣菜を含む。
注３）食市場規模は内閣府「国民経済計算」の「家計の食料飲料支出額」と「外食市場規模」の合計額から算出した。
注４）内食は「食市場規模」から「惣菜市場規模」と「外食市場規模」を差し引いたもの。
出所：一般社団法人日本惣菜協会による推計値をもとに作成。

ケット，百貨店，コンビニエンスストアといった飲食料品小売業でも中食商品を提供している。このように関連する事業者が属する業種が多様なため，「中食産業」を定義することは困難である。以下では，中食商品を提供する業種や小売業の一部を中食部門と表す。これらの事業者は自社で中食商品を生産するだけでなく，加工食品メーカーや惣菜業者，あるいは中食ベンダーとよばれるコンビニエンスストア向け惣菜製造業者から商品を仕入れ，販売している。この流れを中食商品のサプライチェーンとして表したのが図７‐４である。

中食部門では，需要の急速な拡大に対応するため，以下のような供給体制が構築されている。岩佐（2021）によれば，コンビニエンスストアへの弁当，惣菜供給を担う中食ベンダーは，大手コンビニエンスストア

図７－４　中食商品サプライチェーンの構造

出所：木立真直「中食産業の重層性とこれからの経営戦略の課題」一般社団法人日本惣菜協会（2015）所収の図４－１の一部を修正の上，転載した。

チェーンへの均質かつ安定的な商品供給のために，米飯，調理パンメーカーなどが出資して協同組合を形成している。そして，これらの組織では事業者同士が共同でコンビニエンスストア商品の新メニュー開発を行ったり，食材・包装などの共同購入を行ったりしている。一方で，岩佐（2021）によれば，中食ベンダーはオンライン注文と計画的大量生産，定時配送が求められるため，これらを確実にこなすために，特定のコンビニエンスストアチェーン１社に取引先を絞り込むようになっており，当該チェーンの専用工場化が進んでいる。

5．外食産業と中食部門の課題とこれから

本節では，まず，外食産業と中食部門が直面する課題に産業としてど

のように対応しているのかについて考えたい。さらに，これら産業の成長がわれわれの暮らしや意識に与えた影響について考え，今後はどのような方向へ向かい，どのような責任を果たすべきかについて考えたい。

外食産業と中食部門が産業として成長していく中で，食の安全・衛生の確保や感染症への対応，従業者の確保と育成などの課題が浮かび上がってきた。これらの課題は一義的には，個々の事業所において取り組まれるものであるが，小規模な事業所においては単独での対応に限界がある場合もある。このような場合に同業種の事業者組織が課題への対応のための補完的役割を果たすことが期待される。外食の事業者組織である一般社団法人日本フードサービス協会は，標準化された手順にもとづく工程の衛生管理手法のガイドラインを会員企業に提供している。同様に，中食部門の主要な品目である惣菜についてみると，一般社団法人日本惣菜協会がHACCP[3]支援法の「惣菜・カット野菜における国の指定認定機関」として，会員企業の導入のために技術的支援を行っている。また，日本フードサービス協会からは外食における「原産地表示ガイドライン」，「外食・中食におけるアレルゲン情報の提供に向けた手引き」などが公表されている。これらの取り組みは業界全体の衛生管理の水準を引き上げる他，消費者への情報提供体制の確立にもつながる。

また，外食産業と中食部門における人材確保が課題となる中，外国人技能実習生の受け入れのために，食品製造業，外食産業，中食産業の事業者組織が共同で特定技能の在留資格制度に対応できるよう，技能評価機構[4]を設立している。

このように，衛生・安全，労働力確保といった事業の継続のために対応が不可欠な課題について，個々の事業者の取り組みだけでなく，事業者が対応できる仕組みを整えるという事業者組織の役割が重要となっている。

3）HACCPについては，第11章205ページ参照。

4）一般社団法人外国人食品産業技能評価機構 https://otaff.or.jp/about-us/（2021年９月20日採録）

次に，外食産業と中食部門とわれわれ消費者の関係，そしてその課題について考えたい。外食・中食産業が成長を遂げる過程では，提供される食事や中食商品によって家庭内食を補完したり，代替したりすることで食生活に利便性をもたらしてきた。さらに，多様化した消費者のニーズをくみ取り，あるいは先取りし，高度な調理技術を用いた本格的な料理品，さらには流行の食材を用いた料理品を，各店舗が工夫を凝らした空間で提供することで，食を通じたレジャーを提供してきた側面もある。その一方で，外食サービス，中食商品の利用による利便性の向上は，消費者自身の調理技術の低下を招いたことも否めない。また，24時間いつでも好きなものが食べられる営業体制や，おいしさやボリュームに偏りがちで栄養バランスのとりにくいメニューの提供は，長期的には消費者の健康を損なうことにもつながりかねない。食を通じた健康の維持は消費者自身の食事管理の適切さによるところが大きいが，食事や食品を提供する産業側にも食環境を形成する一員としての責務がある。外食産業と中食部門には食べることの楽しみや簡便さを提供するだけでなく，毎日繰り返される食事を支える，または家庭内食を代替する食品やサービスを提供するという役割も重くなってきた。このことは食べる人の健康や，将来の食生活にも資すべき産業と位置づけられることを意味している。これからの外食産業と中食部門はシェアの拡大や事業の成長だけでなく，社会基盤としての自覚と役割も見据えたメニュー展開やサービス提供といった事業のあり方そのものの見直しが求められよう。

最後に，外食産業における「働く人への責任」について考える。外食産業で働く人の多くが，非正規雇用者であることは第2節で述べた。学生や家事従事者など，自身のライフスタイルに合わせ，限られた時間だけアルバイトとして働くことを希望する人は少なくない。その場合，賃金は低く抑えられる一方，職務に対する責任は限られたものになるはずである。しかし，一部の外食店では店舗運営やアルバイトの雇用，教育などの管理業務をアルバイト店員に担わせ，待遇に見合わない責任を負わせている。さらに，店員１人で深夜営業の店舗を運営させる「ワン・オペ」とよばれる運用や，本人の意思を尊重せず長時間のシフト勤務を組む店舗もあり，働く人の安全や権利を脅かすことにつながりかねない状況もみられる。

このような状況を生み出す背景には恒常的な外食産業の人材不足がある。「新規学卒者の産業別離職状況」（厚生労働省）[5]によると，2017年３月に高校・大学卒業後，各産業に正社員として就職した人のうち３年以内に離職した人の割合が，「宿泊業，飲食サービス業」では高校卒で64.2%，大学卒では52.6%にのぼる。この値は全産業分類の中で最も高い水準にあり，宿泊業および飲食サービス業での人材の定着が課題となっていることを示している。このような状況下では，事業を継続させるために在職している従業者を過度に働かせることになる。さらに，人材不足でありながら賃金水準は低く，正規雇用者，非正規雇用者ともに全産業中，最も低い水準にある（厚生労働省「令和元年度賃金構造基本統計調査」）。つまり，外食産業は雇用を生み出してはいるが，十分な所得を生み出している状態にはない。次の世代につながる人材を確保し，育てることは，「産業」として存続する条件でもある。

6．むすび

本章では，われわれの暮らしに身近な外食産業と中食部門について，産業構造とその特徴について述べてきた。われわれが日常的に利用し，楽しんでいる外食や中食商品がどのようなシステムの中でつくられ，提供されるかを知り，さらに外食，中食にかかわる事業者の社会的責任に

5）厚生労働省 HP　https://www.mhlw.go.jp/stf/houdou/0000177553_00003.html（2021年２月２日採録）

ついても考えた。産業としての成長の過程において，効率性を極めた経営のあり方は同時に克服すべき課題も生み出した。本章で指摘したような課題への取り組みを通じて，食品関連事業者として衛生や労働環境，消費者の長期的な利益にどう対応するかという，社会の中での企業としてのあり方が問われている。

《キーワード》 外食産業，中食，食の外部化，技術，事業者組織

学習課題

1．本章で学んだことを参考に，以下のキーワードについて外食産業の特徴を説明してみよう。
　・調理，接客技術の特徴
　・市場競争の状態
2．外食または中食産業が以下の課題に取り組むためには，どのような条件が必要だろうか，いずれかを取り上げ，考えてみよう。
　・消費者の健康に寄与すること
　・従業者の確保・育成に関すること

参考・引用文献

・一般社団法人日本フードサービス協会（2021a）『外食産業市場動向調査令和２年（2020年）年間結果報告』
・一般社団法人日本フードサービス協会（2021b）『外食産業市場動向調査令和２年（2020年）12月度結果報告』
・一般社団法人日本惣菜協会（2015）『中食2025―中食・惣菜産業の将来を展望する―』

・一般社団法人日本惣菜協会（2020）『2020年度惣菜白書』
・岩佐和幸（2021）「中食の成長とコンビニベンダーの事業展開―岐路に立つ従属的発展―」『立命館食科学研究』第3号，53-76頁*
・総務省「家計調査（品目分類）」
・総務省「日本標準産業分類（平成19年11月改訂）分類項目名，説明及び内容例示」
・時子山ひろみ・荏開津典生・中嶋康博（2019）『フードシステムの経済学（第6版）』医歯薬出版*
・W・チャン・キム，レネ・モボルニュ，入山章栄監訳，有賀裕子訳（2015）『（新版）ブルー・オーシャン戦略』ダイヤモンド社

◎さらに深く学習したい人には，＊の図書をお薦めします。

〈コラム〉

社会的危機と外食，中食

本章を通じて，外食産業は業種・業態あるいは経営規模や主体の違いによって，提供される料理品，サービスに違いが生じやすい産業であることを学んだ。この違いは，社会が災害や感染症などの危機に見舞われた際には，事業者が受けるダメージの違いとして浮かび上がってくる。

2020年に世界中に拡大した新型コロナウイルス感染症は，会食を拡散の足がかりとし，これにかかわる外食産業を直撃した。わが国でも人々の行動変化や政府による営業時間短縮などの要請により，外食産業は大きな打撃を受けたが，その深さは業種や業態によりやや異なる。日本フードサービス協会による加盟企業の3万7千事業所を対象とした調査（2020年12月）によれば，最も深いダメージを受けたのがパブレストラン及び居酒屋という業態であり，売上高は対前年同月比39.1%，利用客数は同43.4%であった。次いで深いダメージを受けたのがディナーレストランであり，売上高は対前年同月比58.1%，利用客数は同57.4%であった。これらの業態ではビジネス街や夜の繁華街での売上・来店客の減少が顕著であった。つまり，このパンデミックは仕事仲間や友人と食事や飲酒をともにしてつながり合うという食事の「場」，いわば「食の社会

的機能」を狙い撃ちにしたのである（業態の分類は表7-2による）。

一方，ダメージが比較的浅かった業態もある。例えば，ファストフードでは，利用客は対前年同月比の88.0%と減少したが，売上高は97.0%と小幅な減少にとどまった。この業種はテイクアウト，デリバリーなどの需要に対応しやすく，そして他業態と比較すると食事の「場」の提供に重きをおかない業態である。そして外出自粛のなかにあっても食の簡便さを求める消費者ニーズに対応しやすい業態であった。この他，昼間の営業や少人数利用に対応しやすいファミリーレストランや喫茶といった業態でも売上高，利用客数の減少は20～30%程度の減少幅となった。また，同じ業態でも都市中心部やオフィス街の店舗でのダメージが大きかったのに対し，都市郊外や住宅街の店舗は比較的ダメージが小さいなど，立地によっても差が生じた。

以上のような違いは家計の支出にも表れており，総務省「家計調査」によると，2020年12月の調理食品への支出（2人以上の世帯）は対前年同月比5.9%の増加となっており，外食が28.4%の減少となっていることと対照的であった。

本章では，外食店舗には貴重なスキルが蓄積されていることも学んだ。感染禍が過ぎ去ったとき，これらのスキルはどうなっているだろうか。人的資源とそれをかかえる事業体をどれだけ守ることができるのか，政府，事業者組織，消費者にできることは何だろうか。社会全体の向き合い方が問われている。

（一般社団法人日本フードサービス協会（2021a）および（2021b），総務省「家計調査」参照）

8 食品小売業の特徴と社会的機能

清原昭子・関根佳恵

1. はじめに

食品小売業はフードシステムのなかで私たちにとって最も身近な存在である。食品小売業をとりまく環境をみてみると,大規模チェーンが全国に出店している一方で,古くからある商店街では個人商店が減少し,シャッター街が各地でみられるようになった。さらに人口減少が始まったわが国では,スーパーマーケットやコンビニエンスストアの店舗数が飽和状態となっており,各社は生き残りをかけた激しい競争を繰り広げている。

本章では,産業としての食品小売業の特徴と産業構造,そして商品調達先である川上の各産業との関係について述べる。続いて,わが国の食品小売業の特徴である中小規模のローカル・スーパーマーケットの存在とその意義について考える。また,消費者と直接かかわる産業という観点から,食品小売業の企業行動と消費者の行動のかかわりについて学ぶ。最後に,地域における食品小売業の立地について考える。

2. 食品小売業の特徴と産業構造の再編

(1) 食品小売業の特徴

食品小売業では,家電製品や衣料品の小売業と同じく大手企業によるチェーン展開やPOSシステム[1]の導入が進んでいる。そうしたなかで,

1) POSシステムとは,販売時点(Point of Sales)にバーコードの自動読み取りによって集められる情報の管理システムである。商品名,価格,数量,販売時間,店舗の場所などの大量の情報は高速度で分析され,商品の仕入れや販売の計画に活用される。

食品小売業の経営を特徴づけているのは，第一に，在庫の回転の速さである。これは，食品，とくに生鮮食品が，傷みやすさと消費・賞味期限の短さから在庫として長期間保存することが難しいという商品特性に由来する。第二に，日本では市場の集中度が欧米と比較して相対的に低い点も食品小売業の特徴としてあげられる[2]。

次に，この業界の技術的特徴とはどのようなものだろうか。第一に，食品小売業は生鮮食品を取り扱うため，天候や運輸事情によって商品の納入量が突然変動する可能性が常にあり，それによる価格変動のリスクを背負っている。第二に，工業製品と異なり，生鮮食品は腐敗性や不均一性が高く，それによって商品のロス率が高くなるという特徴がある。第三に，日本の食品小売業特有の商慣行があげられる。例えば，海外の食品小売業では一般的な生鮮農産物の量り売りはわが国ではほとんどみられず，野菜や果物は数個ずつパッキングされ，値札が付けられて店頭に並べられることが一般的である。そのため，小売店舗ではこうした作業を行う人員やスペースを店舗内外に確保する必要がある。

（2）戦後の産業構造の再編：規制緩和と食品小売業の寡占化

戦後の日本では，1980年代半ばまで食品小売業の主流は専門小売店であった。野菜や果物は八百屋で，鮮魚は魚屋で，食肉は精肉店で，米は精米店で，アルコール飲料は酒屋で購入することが，一般的な買い物風景として定着していた。また，これらの専門小売店の多くは小規模零細な個人経営であり，地域社会の活性化とコミュニティ機能の維持に一役買っていた。

しかし，多くの品目の食品を販売する百貨店が登場し，さらに，食品スーパーマーケット，総合スーパーマーケット，生活協同組合などの新たな業態が興隆した。その後は，コンビニエンスストアやディスカウン

2）やや古いデータではあるが，フランスやオランダでは，食品小売販売額上位５社の市場占有率（CR５）が７割を超えるが（2012年），日本では同２割（2013年）である（農林水産省）。

図８－１　飲食料品小売業の販売指数の推移（2015年＝100）

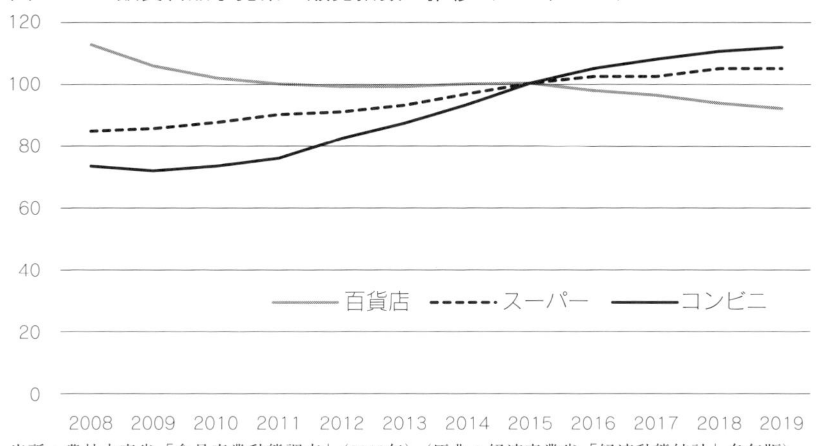

出所：農林水産省「食品産業動態調査」(2019年)（原典：経済産業省「経済動態統計」各年版）

ト店が食品小売業において伸長し，規制改革によって酒類や米の販売が可能になったドラッグストアやホームセンターも食品の売上高を伸ばしている（全国スーパーマーケット協会 2017）。とくに近年は，百貨店が苦戦を強いられるなか，スーパーマーケットは微増，コンビニエンスストアが売上を伸ばしている（図８－１）。

このように，食品小売業のなかで産業構造が再編されてきた背景には，一連の規制緩和政策がある。そのなかでも重要なのは，1973年に制定された大規模小売店舗法（通称：大店法）が改正によって段階的に緩和され，2000年には大規模小売店舗立地法（略称：大店立地法）の施行によって廃止されたことである。大店法のもとでは，大手資本による大型食品小売店が地域の中小・零細規模の食品小売店を淘汰することがないように，大型店の出店要件や床面積，営業日数や営業時間などが厳しく規制されていた。しかし，1989年から始まった日米構造問題協議による外圧，および国内の産業界からだされた規制緩和要請の内圧，内外価

表8-1　食品小売企業上位5社の推移

順位	2012年	2018年	備考
1	セブン・イレブン・ジャパン	セブン・イレブン・ジャパン	
2	ローソン	ファミリーマート	2016年にサークルKサンクス（2012年6位），ユニー（同7位）と経営統合
3	イオンリテール	ローソン	2014年に成城石井を経営傘下におさめた
4	ファミリーマート	イオンリテール	
5	イトーヨーカ堂	イトーヨーカ堂	

出所：木島（2016），セブン＆アイ（2019）より作成。

格差の存在と食品流通の近代化の必要性などから，1980年代末から90年代にかけて規制緩和の流れが決定づけられた（坂爪 2000）。大店立地法の施行後は，大型店の新規出店が相つぎ，それに反比例するように小規模零細の食品小売店は減少した。

さらに，近年は郊外型の大型店よりも都市型のコンビニエンスストアや小規模なスーパーマーケットが出店数を伸ばしており，コンビニエンスストア同士や，コンビニエンスストアと小規模スーパーマーケットの業態を超えた合併も進んでいる（表8-1）。また，大手食品スーパーマーケットの間でも買収・合併（M&A）が行われ，系列化による寡占化が日本においても徐々に進みつつある。さらに，2020年に伊藤忠商事が株式公開買い付け（TOB）を通じてファミリーマートを完全子会社化し，上場を廃止したうえでJA全農と農林中央金庫の出資を受けて業務提携することを決めた。JAグループは，この提携により全国1万6千店舗以上のファミリーマートの店舗で国産の農産物販売を強化することを目指している（日本農業新聞，2020年７月９日付）。なお，新型コロナウィルス禍のもと，2020年以降は食品のオンライン通信販売が急速に拡大するなどの変化もみられる。

3．食品小売業の企業行動と川上，川下

（1）食品小売業と川上とのつながり：農業生産者・食品加工メーカー・卸売業者

前節では，小売段階内での企業間の関係，つまり，フードシステム上の水平的な競争構造について述べた。本節では，食品小売業とその商品調達先である食品製造業や農林水産業，卸売業者との垂直的関係をみてみよう。そのために，まず食品小売業の機能について考えたい。桂（2020）によれば，小売業が備えるべき条件は品揃え，質揃え，店内サービスの３点であるとされる。野菜・果物を例とすると，品揃えとは，野菜・果実の品目や品種が揃っていることであり，さらに同じ品目でも個数売り，包装売り，盛り売りなどの売り方や，洗浄，はく皮，カットの有無などの品姿[3]も揃えることである。質揃えとは，同一の品目や品種内の多様な品質がニーズに即して揃っていることである。品質は価格との兼ね合いとなるため，消費者のニーズに即して高価格なものから手頃なものまで揃える必要がある。また，買い物時に必要な品質に関する情報を正確かつ，消費者の買い物の妨げとならぬよう手短に伝えるという店内サービスが必要となってくる。さらに，生鮮食料品の品質を伝えるためには，野菜・果物についてその品目，品種，栽培方法，生産者，産地に至るまでの知識と理解が必要である。以上の条件を整えるのは小売業者だけでは不可能であり，仕入れ先である農家，農協などの品質調整機能や，卸売業の情報集約機能が必要となってくる。小売業は

3）「品姿」とは桂瑛一による造語であり，初出は桂（1988）「食料の流通」今村幸生編著『現代食料経済論』所収，ミネルヴァ書房。

これらの仕入れ先と連携することで，フードシステムが生み出した成果を消費者に届ける役割を果たしている。そのために，仕入れ先が再生産できる取引を行い，共存関係を構築する必要がある。

しかし，今日では一部のスーパーマーケットによる極度の低価格販売と，それを支える低価格仕入れが食品製造業，農業，水産業，そして卸売業にいわゆる「原価割れ」となる価格での納品を余儀なくさせ，経営を圧迫し，これらの事業者の再生産活動を困難なものにしている。最終段階の小売業では多種類の商品を取り扱うため，特定の品目（例えば卵）を安売りすることで顧客を引き寄せ，あわせて購入される他の品目から生じる利益によって安売りによる自社の損失を補うことができる環境下にある。しかし，個々の品目の生産者（養鶏業者）は当該品目を単一生産しており，その納入価格が原価割れの水準では事業は成り立たなくなる。他にも，牛乳や豆腐などの日配品が極端な安売りの対象になりやすく，当該品目の生産者やメーカーは常に納入価格の低下圧力に直面している[4]。このように，フードシステムの段階によって，事業者が異なる市場均衡に直面していることに留意が必要である。

では，低価格戦略は小売段階における競争に打ち勝つ有効な手段となりえているのだろうか。食料品は必需品であり，価格の低下による全体の需要量の伸びはわずかである[5]。つまり，食品小売業では販売価格を引き下げても消費者が購入する量は増えにくく，売上高を伸ばすことは困難である。しかし，消費者は価格の安い店舗を選んで買い物に行こうとするため，小売業間では価格の引き下げによる顧客の奪い合いが続くことになる。さらに，注４）に示したように，他業種との競争も相まって，小売段階の競争は激しくなり，常に他店との競争圧力のもとにある

4）同様の戦略は，近年食料品の取扱量が急増してきたドラッグストアでもみられる。化粧品や医薬品など利益率の高い商品カテゴリーをもつドラッグストアでは，食料品カテゴリーを安売りの対象とし，前者の利益によって後者の赤字をカバーしている。

5）需要量の価格弾力性が小さいためである。需要量の価格弾力性＝需要量の変化率÷価格の変化率。

ため，価格以外のさまざまな手段でも競争が展開される。例えば，テレビコマーシャルや折り込みチラシなどによる広告宣伝，店内での試食販売やおまけ付き商品の販売による購入時点での説得，ポイント制度による顧客の囲い込みなどである。これらの戦略を複数併用することで，消費者の来店頻度を高めたり，購入点数を増加させたりしようとしている。

しかし，先に述べた小売業本来の条件（機能）を考えるなら，非価格競争の本来の姿は商品の品揃えと質揃え，そして商品情報の適切な提供に集約される店内サービスであるはずである。この競争手段を活用するには各価格帯の商品の品質を理解したうえで，消費者にイメージでなく値打ちを伝える技量が必要となる。極端な低価格競争の蔓延は，食品小売業が本来備えるべき技量の落ち込みや取引関係の消失を示しているのかもしれない。

（２）食品小売業と川下：消費者とのつながり

次に，食品小売業がわれわれの食生活に与えた影響をみてみよう。戦後のわが国の食料消費の変化を表す言葉として，簡便化，外部化，洋風化があげられる。このうち，同時に進行してきた簡便化と外部化の流れは所得向上や就労状態の変化など，消費者側の要因によるところも大きいが，そのような流れに対応する商品をフードシステム側が供給できるようになったことも影響している。例えば，カップ麺やレトルト食品などはまず，スーパーマーケットの目玉商品として売り出され，家庭に広まった。同様に，スーパーマーケットに冷凍食品を陳列・管理できる冷凍ショーケースが普及したことで冷凍食品の普及を後押しした。さらに，小売店あるいは中食製造業において生鮮食品の一部調理，処理を行う技術が向上したことで，消費者がプレカットの野菜・果実といった商品を手ごろな価格で手に入れられるようになった。以上は，品揃え機能が加工，調理済み食品の分野で発揮された結果といえる。さらに，食料消費の洋風化の場面でも，食品小売業は大きな役割を果たしてきた。かつては外国風の料理といえばいわゆる洋食や西洋料理のみであったが，それ以外のアジア諸国などさまざまな国・地域由来の料理が家庭にも浸透しており，わが国の食卓は多国籍化とよぶにふさわしい状態にある。これらの食品が家庭に浸透したのは，メディアを通じて海外の食品や料理に関する情報が発信されたり，外食や海外旅行などでこれらの料理に触れたりした人々が増えたことが背景にある。そして，フードシステム側がこのような動きを読み取り，消費者ニーズとして先取りすることで商品化し，販売してきたためである。

では，小売業者は消費者ニーズをどのようにくみ取っているのだろうか。小売業者が商品の売上げ予測のために用いるのが，小売店舗の POS システムから得られるデータである。チェーン店舗を通じて得られる POS データは，販売時点で顧客の属性と各商品の売上げを把握するビッグデータとして蓄積され，消費者が求める商品やサービスの分析に活用される。このような動きは消費者ニーズに応え，品揃え・質揃えを行う食品小売業の機能の1つといえる。ただし，POS システムが捕捉できる消費者のニーズは売り場に並んでいる商品の売れ行きからうかがい知るものに限られる。もともと売り場にない商品へのニーズは直接的にはとらえられないし，また，売れ行きの結果をどう読むかは小売業に期待される役割である（桂 2020）。この「読み」のためには消費者が真に必要とする多様なニーズを適切に判断する能力が求められる。

一方で，消費者ニーズといわれるもののなかには，通常の食生活に必要とは言い難い過剰なもの，あるいは消費者の潜在的な欲求を刺激し，掘り起こしてつくり出されたものもある。そして過剰，あるいはつくり出された「消費者ニーズ」は，フードシステムにとって過度な要求となってしまうことがある。例えば，生鮮食品に新鮮さを求めるあまり，小売店で棚の奥から１日でも消費期限や賞味期限が長い商品を選り出すような行動がみられるが，その過剰な行動は思わぬ結果を招いている。消費者のこのような行動に応えるため，小売店では賞味期限が近づいた食品がまだ十分食べられる状態であるにもかかわらず店頭から撤去され，廃棄される。また賞味期限そのものが科学的根拠にもとづく期間より不必要に短く設定されることにもつながる。あるいは，調理済み食品の鮮度を強調するため，当日製造であると表示するために，深夜から早朝にかけて製造されることも多い。過酷な深夜労働のなかで食品の品質を保つことは製造現場に無理を強いている。小売業ではこのような「消費者ニーズ」といわれるものを見直す必要があり，また消費者も自らの行動を見直すときにきている。

4．中小規模のローカル・スーパーマーケットの強み

わが国の小売市場では大手小売チェーン店が一定のシェアを占める一方で，中小規模のスーパーマーケットが比較的多く存在している。中小規模のスーパーマーケットとは，経済産業省「商業統計調査」における中型総合スーパー，食料品スーパーに相当するような業態を指す[6]。国内における中小規模のスーパーマーケットの分布の全様を把握することは難しいが，表８-２に示したように，全国で最も店舗数が多いのは食品スーパーマーケットであり，小型食品スーパーマーケットとあわせて，同表データの76.8%を占める。これらのスーパーマーケットの多く

6）経済産業省「商業統計調査」（平成26年）における「業態分類表」によれば，中型総合スーパーとは，衣，食，他（＝住）に渡る各種商品を小売りし，そのいずれも小売販売額の10%以上70%未満の範囲内にある事業所で，従業者が50人以上の事業所のうち，売り場面積が3,000㎡未満（都の特別区及び政令指定都市は6,000㎡未満）のものである。同じく食料品スーパーは小売販売額の70%以上が食料品であり，売り場面積が250㎡以上の小売業である。

表8-2　業態・規模別スーパーマーケットの分布

地方	全国	北海道	宮城県	東京都	愛知県	大阪府	広島県	福岡県
総合スーパー	1,362	58	15	122	109	163	37	56
スーパーセンター	464	32	9	3	3	10	1	38
食品スーパーマーケット	12,533	659	256	1,053	619	758	325	465
小型食品スーパーマーケット	3,203	202	44	439	157	137	73	90
食品ディスカウンター	897	108	25	90	46	69	23	33
小型食品ディスカウンター	641	0	0	178	0	102	0	0
業務用食品スーパー	408	20	1	31	34	32	36	33
ミニスーパーマーケット	972	45	11	603	5	2	4	5
計	20,480	1,124	361	2,519	973	1,273	499	720

出所：一般社団法人全国スーパーマーケット協会『2018年版スーパーマーケット白書』より作成。

は1社当たり数店から数十店の店舗を1都道府県内あるいは数都道府県にまたがって展開している。同様の傾向が全国の主要都市でもみられ，食料品の購入先として食品をメインに取り扱うスーパーマーケットが大きな役割を果たしていることがわかる。これは消費者が食料品に鮮度と細やかな品質を求める購買行動を反映した結果ともいえる。

この経営規模と地域に限定した店舗展開こそが，中小規模ローカルチェーンの特徴でもある。特定の地域に限定して展開する店舗では，細かに地元の消費者のニーズを把握し，商品を品揃えすることが必要であり，そのための情報収集力と品揃え，質揃えの機能が要求される。さらに，地域に密着した中小食品スーパーマーケットでは，地域内に円滑な仕入ルートを構築したり，地元の生産者やメーカーとの共同開発や地産地消といったチェーンを構築したり，災害時の地域支援，学校と連携した食育，地域の祭りやイベントへの支援を行うなど，地域と連携した活動を担うことも期待される（全国スーパーマーケット協会 2018)。

一方，木立（2011）によれば，大型総合スーパーマーケットチェーンの経営実績は必ずしも良好とはいえず，広域での店舗展開，画一的な

図８-２　スーパーマーケットの店舗運営の考え方（保有店舗別）

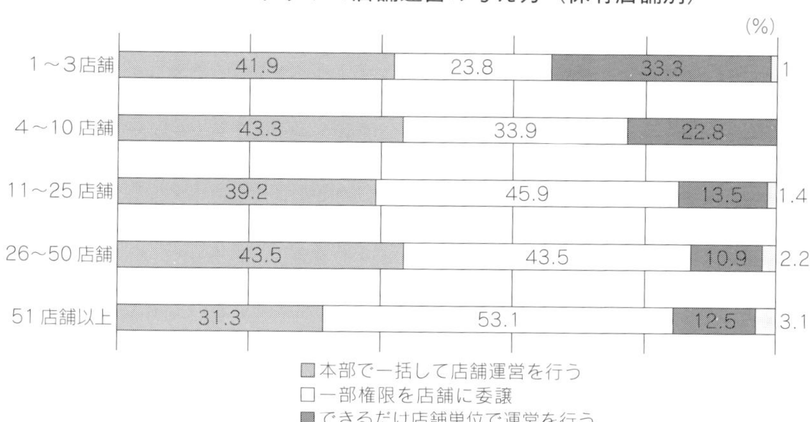

注）端数処理のため，一部のデータの合計が100％にならない。
出所：一般社団法人全国スーパーマーケット協会（2018）より引用の上，作成。原資料は帝国データバンク「スーパーマーケット経営企業における生産性実態調査2017」（N＝384）。

チェーンオペレーションが見直される傾向にある。そして，セルフ方式の標準店を多店舗展開する大手小売チェーンであっても，店舗別またはエリア別の限定商品の導入や地域的品揃えなど，個店対応を重視する方向にあるという。全国のチェーン店から寄せられる大量の顧客データ（POS データ）では，地域ごと店舗ごとのニーズや，あらかじめ店頭にない規格や品種まで含む幅広い品揃えへのニーズをくみ取れず，「売れ筋商品」に絞った品揃えはかえってこだわりのある顧客層を遠ざけてしまうのである。このような傾向はデータにもあらわれる。図８-２より，店舗数が少ない企業ほど「できるだけ店舗単位で運営を行う」割合が高い傾向にあることがわかる。どの規模でも「一部権限を店舗に委譲」が多く，「本部で一括して店舗運営を行う」は50店舗以下の規模の各層では40％程度にとどまる。また，51店舗以上の規模では，一部あるいはできるだけ店舗単位での経営が志向されている。

細やかで地域性の高いニーズはわが国の消費者の特性であり，それが大量消費の時代を経ても消滅しなかったため，中小規模のスーパーマーケットは消費者の支持を得てきたとも考えられる。そしてローカル・スーパーマーケットの多くが食料品スーパーマーケットであり，食品に特化した業態がわが国では広く受け入れられていることを示している。このような小規模チェーンや個人商店が事業を続けるには，多様かつ小口の需要にも対応できる卸売市場の機能が不可欠である。生産から卸売段階までの仕組みは，地域の小売店を通じて，地域固有の食文化を支えることに貢献しているのである。

5．地域と食品小売業

最後に，食品小売業の立地について考えてみよう。激しい競争のなか，各スーパーマーケットチェーンはより集客に有利な地域，あるいは高い客単価が見込まれる地域に店舗を構えようとしてきた。その結果，表８-３に示したように多くのスーパーマーケットが人口集中地区に立地し，さらに子育て世帯が多い地域に立地する傾向となった。これはスーパーマーケットにとっては合理的な行動の結果といえる。しかし，食品小売業とはどんな地域に暮らすどんな属性の人々にも一定のアクセスが担保されるべきであり，その配置を完全に市場に任せてよいのか，考えるべきときがきている。日本の消費者は週ごとの買い物回数が平均２～３回と多頻度であるが，これは買い回り圏内に品揃えの整った食品小売店が存在しているからこそ可能な購買行動といえる。多様な食品を取り入れた健康的な食事を維持するためには食料品店の存在が重要な条件なのである。

また，今日のスーパーマーケットのなかには自家用車での来店を前提

表 8 - 3　スーパーマーケットの立地状況

	人口集中地区		子育てエリア		高齢化エリア	
	エリア内	エリア外	エリア内	エリア外	エリア内	エリア外
総合スーパー（1,984店）	61.7%	38.3%	55.8%	44.2%	48.3%	51.7%
食品スーパー（7,436店）	64.3%	35.7%	53.3%	46.7%	50.6%	49.4%

注 1 ）調査時点で既存かつ営業中の施設・店舗を対象とした。
注 2 ）子育てエリアとは，店舗が立地する市区町村の15歳未満人口比率が全国平均（12.6%）以上の場合を指す。高齢化エリアとは，店舗が立地する市区町村の65歳以上人口比率が全国平均（26.6%）以上の場合を指す。
出所：東洋経済『全国大型小売店総覧2016年版』および平成27年度国勢調査より大門創の協力を得て作成。

とした商圏設定と，それにもとづく店舗立地がなされるケースが目立つ。とくに，地方都市やその郊外でこの傾向が顕著であるが，これらの地域では高齢者世帯が増加し，こういった人々が自家用車での移動が困難となることが食料品へのアクセス低下に直結する事態も発生している。今日，食品小売業が立地することは商業施設としてだけではなく，社会インフラへのアクセスを意味するようになりつつあることにも留意が必要である。

6. むすび

食品小売業はフードシステムの最も川下に位置し，フードシステムで生み出された価値を消費者に届ける，いわば他の食品関連産業と消費者をつなぐ重要な役割を果たしている。流通のパワーバランスが小売業に移ったことで，その市場構造や企業行動は川上の他産業に大きな影響を与えるようになった。また，食品小売業がわれわれの食生活や暮らしそのものに与える影響も小さくない。フードシステムとそれを構成する各産業が健全に存続しなければ，食品の量と質は確保されない。食品の生産，製造にかかわる各産業において，適正な量と質，それに見合う適正な価格が実現されるようにする必要がある。そのためには食品小売業と農水産業，食品製造業，卸売業との取引において適正な量と質，価格をみいだすことから始めなければならない。そこには消費者の理解や行動が大きな影響をもつことも忘れてはならない。また，食品小売店は地域において商業施設以上の意味をもつようになりつつある。「地域にあること」「必要とされる場所にあること」も重要な要件となりつつある。

《キーワード》 規制緩和，チェーン店展開，個店対応，ローカル・スーパーマーケット

学習課題

1．本章で学んだ小売業の特徴をもとに，自分自身が暮らす地域の食品小売業の特徴を調べ，まとめてみよう。
2．日本の食品小売業は，激しい競争と業界再編の最中にある。この業界再編にみられるトレンドとその背景について，整理してみよう。

参考・引用文献

・株式会社セブン＆アイ・ホールディングス（2019）『コーポレートアウトライン2018』株式会社セブン＆アイ・ホールディングス
・一般社団法人全国スーパーマーケット協会（2017）『2017年度版スーパーマーケット白書』
・一般社団法人全国スーパーマーケット協会（2018）『2018年版スーパーマーケッ

ト白書』
・桂瑛一（2020）『青果物流通論─食と農を支える流通の理論と戦略─』農林統計出版*
・川村保（2011）「震災後の食料供給における個人商店の役割─仙台市内での経験より」『フードシステム研究』第18巻第3号，357-360頁*
・木立真直（2011）「スーパー・コンビニエンスストアの再編と構造」小池恒男・新山陽子・秋津元輝編『キーワードで読み解く食料・農業・環境』昭和堂
・木島実（2016）「食品の流通」高橋正郎監修・清水みゆき編著『食料経済─フードシステムからみた食料問題（第5版）』オーム社
・坂爪浩史（2000）「規制緩和下の小売業再編と農産物市場」瀧澤昭義・細川允史編『流通再編と食料・農産物市場』筑波書房
・新山陽子（2019）「災害に備えたフードシステムの頑健性と耐性評価」『フードシステム研究』第26巻第3号，201-205頁

◎さらに深く学習したい人には，＊の書籍をお薦めします。

〈コラム〉

社会的危機と食品小売業

社会を揺るがすような危機が発生したとき，食料品へのアクセスはにわかに脚光を浴びる。ここでは大震災や水害などの自然災害と感染症禍（新型コロナウイルス感染症の拡大）という，2種類の危機のなかでの食品小売業とその存続について考えてみよう。

大規模な自然災害によって，物流網や商流が部分的に破壊された場合，迅速にこれらの機能を回復させ，店頭に食料品を並べることが被災地の食料品アクセスを改善する鍵となる。コンビニエンスストアや大規模スーパーマーケットチェーンがもつ広域物流機能に期待し，各地の自治体が災害時の協定を締結する動きもみられる。一方で，地域密着型の小規模小売店が自律的で迅速な意志決定を行い，短いサプライチェーンを生かして被災地での食料供給をより迅速に回復させた実績も報告されている（川村 2011）。平時には，前者のような効率性を極限まで追求した商品調達と店舗運営システムは後者を圧倒しているよ

うにもみえる。しかし，平時の効率性は意外なほど脆弱な面があり，地域における独立した裁量性（判断力・調達を含むコントロール力）の高さは非常時への頑健性ととらえる（新山 2019）ことができると，災害時の経験が示唆している。

一方，人々の食料消費行動が変化した感染症禍にあっては，災害時とは異なる食品小売業の頑健性が問われた。2020年 4 月に発出された緊急事態宣言下においては，外出や外食利用が抑制されるなか，小売店頭において一部の品目で一時的な品薄感があったものの，食料全体としては絶対量の不足がなかったことで，多くの人がパニックに陥らず，どうにか自宅で過ごすことができた。しかし，感染への不安をかかえながら店舗に立ち，あるいはバックヤードで商品供給を担っていたのは，多くが非正規雇用の従業者であり，その社会的責務の重要さに応じた処遇がなされていたのかは不明である。このこともまた，平時において効率性を過度に追求したことがもたらした矛盾である。

近年に発生した 2 種類のいずれの危機においても，幸いなことに国内において食料品の量は確保されていた。私たちがこれらの食料品を手に取ることができたのは，食料品を消費者のもとに届けるフードシステムが機能し続けていたか，あるいは一時的に機能が失われてもそれが迅速に回復したからである。このような危機にあっても食料品にアクセスできるという成果は，小売業だけではなく，生産地や卸売市場，卸売業者などの事業者が機能していたからこそ成しえたことである。私たちは，小売業を通じてフードシステム全体の成果を得ているのである。そして，本章まで学んできた読者には，平時における産業間，事業者間の連鎖の健全性なしには，危機には対応できないことに思いをはせてもらいたい。健全なシステムとは，一見すると非効率にみえるような小規模の事業者や，限られた範囲での事業者間の取引を通じたつながりが含まれる。平時における苛烈なチェーン間競争に対応するための効率性を極めた事業展開とは異なる事業の営みを維持しておくことは，フードシステムの余裕（冗長性）を保持することにつながる。社会全体の安全の観点から，私たちはあえてこのような冗長性を保持することについて考えてみる必要がある。

9　消費者の食品選択行動と市場

鬼頭弥生

1．はじめに[1]

私たち消費者の日々の食品選択行動がどのような結果をもたらすか，考えたことはあるだろうか。食品選択行動は，自身や家族の食生活や健康，家計に影響を及ぼすだけでなく，フードシステムの川下，川中の事業者，さらには川上の生産者にも大きな影響をもたらす。例えば，多くの消費者が低価格品ばかりを買い求めると，生産・製造・流通段階において品質や安全にかける費用が切り詰められるばかりか，再生産そのものが困難になることもある。一方，多くの消費者が品質にみあった適正な価格や公正な取引について知り，そうした商品を評価し購入する状況が生まれれば，各事業者が適正な利益を得ることにつながる可能性がある。このような社会的影響力をもつ食品選択の意思決定において，私たちは価格や品質をどのように判断し，どのような情報処理を行っているのだろうか。

本章では，消費者が食品選択をする際の価格判断の仕方や，情報処理のプロセスの特徴について解説する。そして，フードシステムの存続を念頭におきながら，消費者に対する情報提供や小売段階のマーケティングのあり方，さらには，私たち消費者が取り組むべきことについて検討したい。

1）本章は，新山陽子・鬼頭弥生（2018）「消費者の食品選択行動と市場」新山陽子編著『フードシステムと日本農業』放送大学教育振興会をもとに筆者がまとめた。

2. 消費者の知覚・判断の特質と価格判断

(1) 価格判断のメカニズム

あなたは，向こう数日分の食材を買いに近所のスーパーマーケットに出かけたとする。鍋物に入れるネギを買おうと青果売り場に足を運ぶ。あいにく，いつも購入しているネギはない。その代わりに，「店長おすすめ」の太い白ネギがある。新鮮さと産地を確かめ，そして価格表示をみる。

「なんだか高いわね。どうしよう。」

このとき，あなたはそのネギの価格をいかにして評価したのだろうか。割安感や割高感は，どのように生まれるのだろうか。

私たち消費者は，ある商品の販売価格を前にしたとき，自身の記憶のなかにある価格や，買い物環境で観察できる価格情報を参照して，その販売価格を相対的に判断している。参照する価格に比べて，目の前の販売価格が高ければ割高に感じ，安ければ割安に感じる。

自身の記憶のなかにある価格は「内的参照価格」とよばれるもので，「消費者が自己の記憶から想起する価格であり，ある商品の販売価格を観察する際にその価格が妥当であるかを判断するために用いられる価格」（白井 2005）である[2]。内的参照価格は，過去に観察した価格にもとづいて形成され更新される主観的な価格である。そのため，個人差があり，同じ個人のなかでも一定ではなく，価格を観察する経験により更新される。さらに，「250円」といった点としての値ではなく，「200円から300円まで」など，幅をもった価格帯として存在するとされる。

他方，買い物環境のなかで観察して参照する価格は「外的参照価格」とよばれる。隣に並ぶ類似商品の価格など，消費者が自身のおかれた環境で外部から自発的に取得する価格情報や，「通常価格」や「メーカー

2）本節の内的参照価格および外的参照価格の説明は白井（2005，2012）にもとづく。

図9－1　内的参照価格と外的参照価格

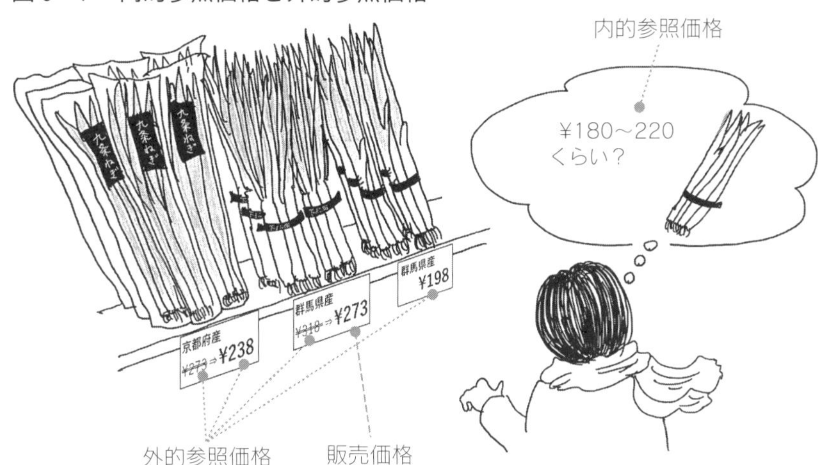

注）対象とする商品を中央のネギ（販売価格273円）としたときの，内的参照価格と外的参照価格（通常価格表示および類似商品の価格）を表す。
出所：筆者作成。

希望小売価格」など，値引き前の価格としてPOP広告[3]上で観察することができる価格情報がこれに含まれる。消費者の記憶とは無関係な客観的な価格である（図9－1）。

実際の買い物の場面では，内的参照価格と外的参照価格の両方が，価格判断と商品選択に影響する。どちらがどの程度影響するかは，消費者によって異なり，また商品の性質によっても異なる。

消費者のなかには，内的参照価格を重視するタイプ，外的参照価格を重視するタイプ，その両方を重視するタイプが存在することがわかっている。商品の特徴に着目すれば，POP広告や特別陳列などのプロモーションが多い商品の価格判断には，外的参照価格が用いられる傾向がある。プロモーションが多い場合には，外的参照価格を容易に参照できるためと考えられる。購買間隔が長い商品の場合も外的参照価格が多く用

3）POP広告とは，Point-of-purchase広告の略で，商品を購買する時点で目にする広告のことを指す。

いられる。これには，購買間隔の長さ故に価格についての知識（記憶）が少ないことが影響していると考えられる。他方，高価格商品の場合は，内的参照価格が多く用いられるという報告もある。

（2）内的参照価格の多面性と形成レベル

内的参照価格にはさまざまな種類がある。過去の購入価格，過去にみたなかでの最高／最低／平均価格といった経験的な内的参照価格もあれば，品質などを踏まえた公正価格あるいは適正価格，価格予想としての通常価格や期待価格，支払ってもよい上限としての留保価格，下限としての最低受容価格といった判断にもとづく内的参照価格もある[4]。どのような種類の内的参照価格が用いられるかは，消費者によって，また製品のタイプや購買状況によって異なるが，概して通常価格と期待価格が重視されて用いられる傾向にある。また，その製品への関与[5]が高い人ほど，多くの種類の内的参照価格を用いる傾向がある。

米と牛乳の購買実験により価格判断のメカニズムを分析した研究によれば（南 2017），被験者の多くが価格と品質の両方の情報を参照し（米では11名中９名，牛乳では12名中７名），うちほとんどが内的参照価格と販売価格を比較して，購買するか否かを決定していたという（米では９名中８名，牛乳では７名中５名）。さらに，内的参照価格を参照した被験者の多く（米では８名中７名，牛乳では５名中５名）は，「いつも購入する価格」を内的参照価格として用いていた。また，被験者のなかには，自らの家計から逆算した価格を内的参照価格として用いている人や，「生産者に負担をかけていない価格」と認識した公正価格[6]を２つ目

４）経験的／判断的内的参照価格の分類は，南（2017）にもとづく。南（2017）によれば，通常価格は経験的内的参照価格と判断的参照価格の両方に含まれる。

５）「関与」とは，概して，ある対象に対して消費者が知覚する重要性や関連性のことを指す多義的な概念である（前田 2012）。

６）客観的に算出された公正価格ではなく，「いつも買っている価格，生協が提示している価格は生産者に負担をかけない価格であるとの認識」（南 2017）にもとづいている。

の内的参照価格として併用した人もいたことが報告されている。

内的参照価格は製品カテゴリーごと，サブカテゴリーごと，あるいは個別のブランドごとなど，さまざまなレベルで形成される可能性がある。例えば，「食用油」というカテゴリー全体で内的参照価格が形成される場合もあれば，「なたね油」，「オリーブオイル」や「ごま油」といったサブカテゴリーごとに形成される場合もある。特定の製造メーカーの製品に対する内的参照価格が形成されることもある。ある食用油の価格を評価するのに，どのレベルで形成された内的参照価格を用いるかによって，価格の高低の判断は異なるものになる。なお，食用油についての内的参照価格が形成されていない場合には，類似の製品カテゴリーの内的参照価格を代用して評価をすることになる。

同じ製品カテゴリーであっても，購入の状況ごとに異なる内的参照価格が形成され，利用される場合もある。例えば，スーパーマーケットで入手できるチョコレートと，百貨店に並ぶ高級メーカーのチョコレートとは区別され，別々の内的参照価格が形成される。ディスカウントストアで売られるミネラルウォーターと，コンビニエンスストアで売られるミネラルウォーターも，たとえそれらが同一銘柄の同一製品であったとしても，別々の内的参照価格が形成され，そのもとで価格が判断される。つまり，どのような店舗におかれているかによって，評価に用いられる内的参照価格が異なり，その結果，価格判断はまったく異なったものになる。

(3) 小売業者の値引きと内的参照価格への影響

以上の参照価格の性質にもとづけば，ある購買場面における販売価格は，その場で評価される販売価格であるだけでなく，内的参照価格に影響を及ぼす要因となり，次の購買における価格判断に影響を及ぼす可能性がある。スーパーマーケットなどにおける値引きに着目すれば，次のように説明することができる。

消費者は値引きされた価格を目にすると，過去の価格の記憶（内的参照価格）や，売り場に示された値引き前の価格（外的参照価格）と比較して「お買い得」と感じる。しかし，定期的な値引きなどにより低価格に接し続けると，価格の記憶が上書きされて内的参照価格が低下し，さらに低価格でないと「お買い得」と感じなくなってしまう。そこで消費者を満足させるために小売業者がさらなる値引きに踏み切ると，小売の値引きと消費者の内的参照価格の低下が繰り返され，負のスパイラルに陥ってしまう。こうした度重なる値引きによる価格低下のしわ寄せは，川中・川上の流通・生産段階へと及ぶことになる。

消費者の低価格志向が指摘されているが，その「低価格志向」は，内的参照価格の低下を誘う購買環境に起因するところが大きいのではないだろうか。購買環境，すなわち小売業者における値引きや価格設定，さらには情報提供のあり方を再検討することが必要である。

一般に値引きの幅が大きいほど，また，値引き頻度が高いほど，内的参照価格は低下する傾向にあることがわかっている。さらに，値引き幅にバリエーションがないほど内的参照価格は低下する。消費者にとって，特別なイベントとしての値引きであれば，内的参照価格は変化しにくい。しかし，値引きが日常的で予測可能なものであると，内的参照価格は更新されてしまうのである。

小売業者は販売価格を表示するときに，定価やメーカー希望小売価格など，販売価格よりも高い価格を並べて表示することがある。これは「価格比較広告」とよばれるもので，外的参照価格として販売価格の判断に用いられることがある。こうした外的参照価格を目にすることは，相対的に高い価格を観察する経験の１つとなり，消費者の内的参照価格を上昇させることがわかっている。このことは，消費者の内的参照価格が低下した状況が生まれてしまったとしても，購買環境やその他の場面で公正価格に関する情報を提示することにより，内的参照価格が上昇する可能性があることを意味している。

（4）情報としての価格

価格は，財やサービスを入手するための条件である。そのため，これまで述べてきたように，製品の品質に対してそれが妥当かどうかの判断の対象になる。しかし同時に，価格は品質を推論するための手がかり，あるいはバロメーターとなることもある（青木 1996，上田 1999）。つまり，「（高かろう良かろう，）安かろう悪かろう」というわけである。とくに，消費者が製品の品質について十分な情報をもたない場合には，価格などの容易に得られる指標を手掛かりに品質を判断する傾向があるとされる。

価格は，それぞれの製品の品質や投じられたコストを推論する指標にもなる。ということは，すなわち，社会のなかでのその製品の価値をかたちづくる要因となりうると考えられる。

食品の文脈で考えると，現実には，川上の生産段階や川中の製造段階での再生産がかなわないような販売価格が付けられていることがある。こうした状況は，不公正な取引の問題を孕んでいる場合もあれば，小売段階が負担している（特売による赤字を他の製品の売り上げでまかなっている）場合もある。いずれの場合も，社会全体に対して農産物や食品の価値を誤ったかたちで伝えることにはなっていないだろうか。今一度，検討することが必要である。

3. 食品選択に至る情報処理プロセス

(1) 意思決定に至る情報処理プロセス

食品選択時に消費者が考慮する情報は，価格以外にも多岐に渡る。私たち消費者は，種々の情報をどのような体系で処理し，購買する製品をどのような方法で決めているのだろうか。

そもそも，食品の購買を検討し始めるきっかけは何だろうか。例えば，「(常備している) 冷蔵庫内の卵が切れてしまった」ために補充したいということが，きっかけになるかもしれない。夕食に肉じゃがをつくるために「肉じゃが用のこま切れ牛肉が必要」，という認識も購買のきっかけになる。こうした問題認識にもとづいて，種々の製品についての自分の知識（内的情報）と，店舗のPOPや品質・価格表示（外的情報）を参照して，どの製品がよいかを評価して選択し購買に至っている。このプロセスは情報の知覚，問題認識，情報探索，評価と選択から成り立っており，一連の情報処理プロセスとみることができる。

消費者の意思決定やその情報処理プロセスについては，1960年代後半以降，さまざまな理論やモデルが提示されてきた。新山他（2007）はそれらのモデルにもとづいて，消費者の食品購買の意思決定において，どのように情報が知覚され，どのような情報探索と選択肢評価が行われるのかを説明する概念的モデルを提示している[7]（図 9 - 2 ）。

まず，表示情報や製品属性の感覚情報などの「外部情報」が感覚器官に受容されて「感覚レジスター（感覚記憶)」にてわずかな時間保持され，無意識的に分析される。情報が目標に関連していると知覚されると，短期記憶である作業記憶領域に送られて処理されることになる。

7）新山他（2007）は，ベットマンモデルをもとにした青木の概念モデル（青木 1992)，EBM モデルをベースとする杉本・武村らの情報処理プロセスの把握（杉本 1997および竹村 1997a，1997b)，情報処理レベルの程度をモデル化した精緻化見込みモデル（Petty and Cacioppo 1981, 1986）を参照し，概念モデルを提示している。

図9－2　消費者の食品購買時の情報処理プロセス

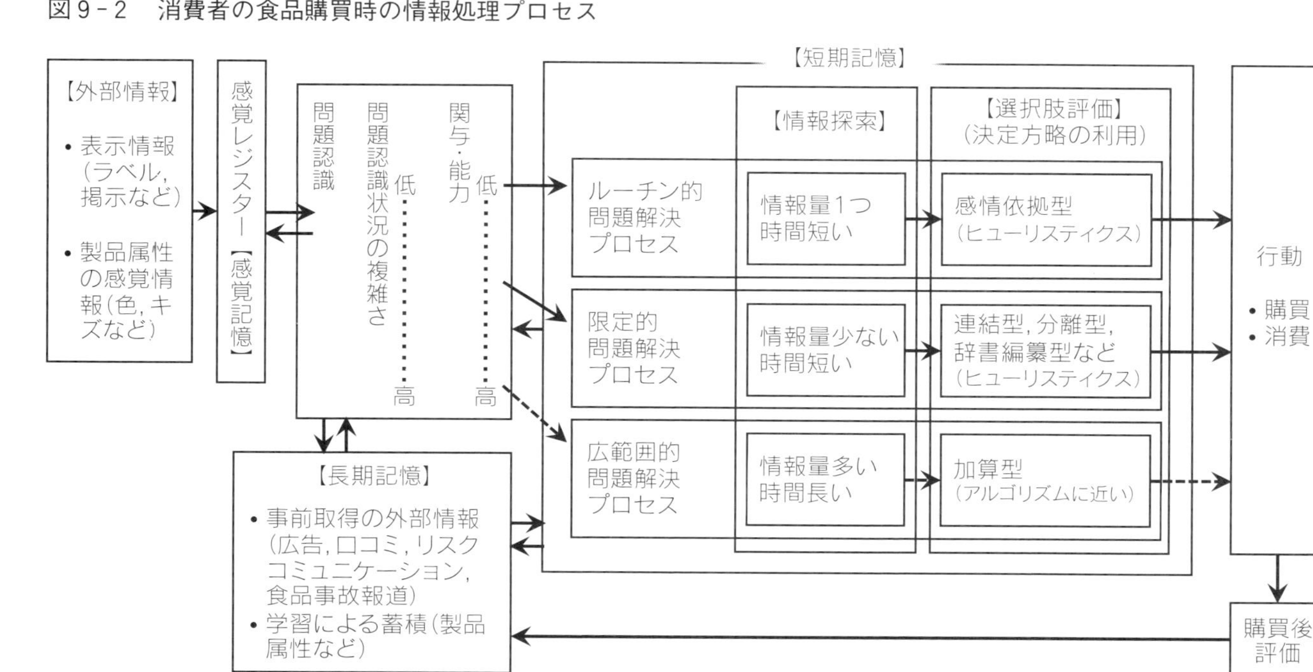

注）点線の矢印は，車や家電製品，衣類などを購買する際の情報処理プロセスを表す。
出所：新山他（2007）の図3を転載。ただし，新山他（2007）および杉本（2012）をもとに微修正を加えている。

購買に関する意思決定問題は,「初期状態」(現在の状態:「冷蔵庫内の卵が切れてしまった」状態;「肉じゃが用のこま切れ牛肉が必要な(今はまだない)」状態)と,「目標状態」(理想の状態:「冷蔵庫内の卵の在庫が補充された」状態;「肉じゃが用のこま切れ牛肉が用意された」状態)との乖離が,ある一定値(閾値)を超えた場合に問題として認識される。そして問題認識の複雑さ,関与と情報処理能力の程度に応じて,どのような問題解決プロセスに進むのかが決まる。すなわち,情報がどの程度探索され,選択肢がどのような方略で評価され選択され購買に至るのかが決まる。ここでは,情報探索量・時間と選択肢評価の複雑さにもとづいて,「ルーチン的問題解決プロセス」,「限定的問題解決プロセス」,「広範囲的問題解決プロセス」の3タイプでとらえられている。

繰り返し購買した経験があって問題認識が単純な場合は,「ルーチン的問題解決プロセス」がとられる。消費者はすでに十分な情報をもち選択肢(製品)に対する態度を形成しており,購買候補として想起される選択肢(製品)は1つだけで,情報の探索量・時間はわずかである。選択肢評価においては,態度にもとづいて選択を行う「感情依拠型」の決定方略が用いられる。購買頻度の高い低価格の製品で,製品に対する関与が低いときに,このプロセスがとられることが多い。

購入経験が乏しく知識や選択基準をもたず,問題認識状況が複雑な場合は,「広範囲的問題解決プロセス」がとられる。探索される情報量は多く探索時間も長い。ここでは,全選択肢の全属性を考慮して選択肢を決める「加算型」の決定方略がとられる。購買頻度の低い高価格の製品で,製品に対する関与が高い場合に,このプロセスをたどる。

一定の購買経験があり,問題認識状況が中間的な場合は,「限定的問題解決プロセス」がとられる。複数の選択肢が想起されるが,探索される情報量は少ない。選択肢評価においてはある程度簡略化された決定方略が用いられる。

(2) 決定方略

購買意思決定のための選択肢評価においては，認知的負担を軽減する簡略な情報処理方法（ヒューリスティクス）が用いられる。選択肢と属性の評価および選択肢の採択を，どのような心的操作の系列で行うかについての方略（決定方略）にはいくつかの種類がある（表9-1）。

最も単純な情報処理による決定方略は「感情依拠型」であり，他方でアルゴリズムに近い決定方略は「加算型」である。それらの間に「辞書編纂型」や「分離型」などの決定方略が位置付けられる。

(3) 生鮮食品の購買意思決定に至る情報処理プロセス

小売店舗における消費者の購買意思決定プロセスを検証した研究によれば（新山他 2007），生鮮食品の購買場面における問題認識は複雑ではなく，いつも買う商品が決まっているルーチン的問題解決プロセス，または限定的問題解決プロセスがとられることが明らかになっている。消費者が売り場で探索する情報は比較的少なく，簡略な決定方法を用いて評価し購買に至る。とくに，選択肢を絞り込んだうえで，価格や賞味期限などの特定の属性についてのみ評価するなど，複数の決定方略を段階的に用いることによって，情報処理にかかる認知的負担を和らげている。

卵と牛乳は，家庭の「在庫の補充」を目的に購買されることが多く，ルーチン的問題解決やそれに近い問題解決がなされる。売り場にある商品の種類（選択肢の数）がそれほど多くなく，属性情報数も少ないため，選択肢の評価においては「感情依拠型」方略にもとづくか，あるいは「感情依拠型」方略で選択肢を絞り込んだうえで「限定的加算型」方

表９-１　代表的な決定方略

決定方略	選択肢評価の方法
加算型	各選択肢が全属性にわたって検討され，各選択肢の全体評価がなされ，全体評価が最良である選択肢が選ばれる。
加算差型	２つの選択肢の間で，属性ごとに評価の差が比較され，総合的に望ましい選択肢が選ばれる。
限定的加算型	限定された選択肢について，限定された属性に関して全体評価がなされ，望ましい選択肢が選ばれる。
分離型	属性ごとに受入可能水準が設定され，１つでもその水準を満たす属性があれば，他の属性の値にかかわらず，その選択肢が選ばれる。
連結型	属性ごとに必要条件が設定され，１つでも条件を満たさないものがある場合には，他の属性の値にかかわらず，その選択肢の情報処理は打ち切られ，次の選択肢が検討される。
辞書編纂型	最初に最も重視する属性について各選択肢を検討し，最も優れた選択肢があればそれが選ばれる。同順位の選択肢があれば，次に重視する属性で検討される。同順位のものがなくなるまで，そのプロセスが繰り返される。
EBA 型 (elimination by aspects)	最も重要な属性について必要条件を満たしているかどうかが検討され，必要条件を満たさない選択肢は拒絶される。複数の選択肢が残っていれば，次に重要な属性について検討される。１つの選択肢に絞り込むまで，そのプロセスが繰り返される。
感情依拠型	代表的な選択肢に対して，態度や全体的評価がすでに明白に形成されており，記憶からそれらの態度が引き出され，最も好意的な態度が向けられた選択肢が選ばれる。

出所：新山他（2007）および杉本（2012）をもとに作成。

略が用いられる傾向にある。

例えば，ある被験者は，売り場の８種類の卵のなかから，「今日のおすすめ品」という情報と「以前買っておいしかった」という記憶にもとづいて「感情依拠型」方略によって，卵Ａと卵Ｂに注意を向けている。さらに，その２つの選択肢について，価格と賞味期限を総合評価して，価格が若干高いが賞味期限の長い卵Ｂに決定している（「限定的加算型」）。

牛肉は，「予定された料理や食事の食材確保」を目的に購買される傾向にある。同じ商品でもパックによって色，脂肪，量などが異なるため，選択肢の数が非常に多く，属性情報数も多い。このような場合には，処理する情報量がやや多くなることから，認知的な負担を軽減するために「辞書編纂型」方略，あるいは複数の決定方略が段階的に用いられる。

被験者の１人は，肉じゃが用のこま切れ牛肉を買うため，第一段階として，「買うのはだいたい国産と決めている」として国産を選択し（「感情依拠型」），さらに「おすすめ品」の商品種類に絞り込んでいる。そして第二段階として，同じ商品種類の陳列品を見比べながら，消費期限，色，脂身の量，肉の形，重量の順に注意を向けて選択肢を絞っていき，最終的に１つのパックに決めている（「辞書編纂型」）（図９‐３）。

（４）消費者の情報処理能力

買い物においては，選択肢（商品の種類）が多く，商品に表示される情報（属性数）が多い方が，よりよい選択ができると思いがちである。しかし，人間が処理できる情報量には限りがある。自身の能力を超える量の情報に直面すると，過大な負荷がかかり，意思決定や判断に混乱が生じる「情報過負荷」とよばれる現象が発生するとされる。情報過負荷が起こると，意思決定の正確性が低下したり，モチベーションや満足度が低下したり，購買意思決定そのものを回避したりすることにつながる。

図９−３　牛肉購買における決定方略の事例

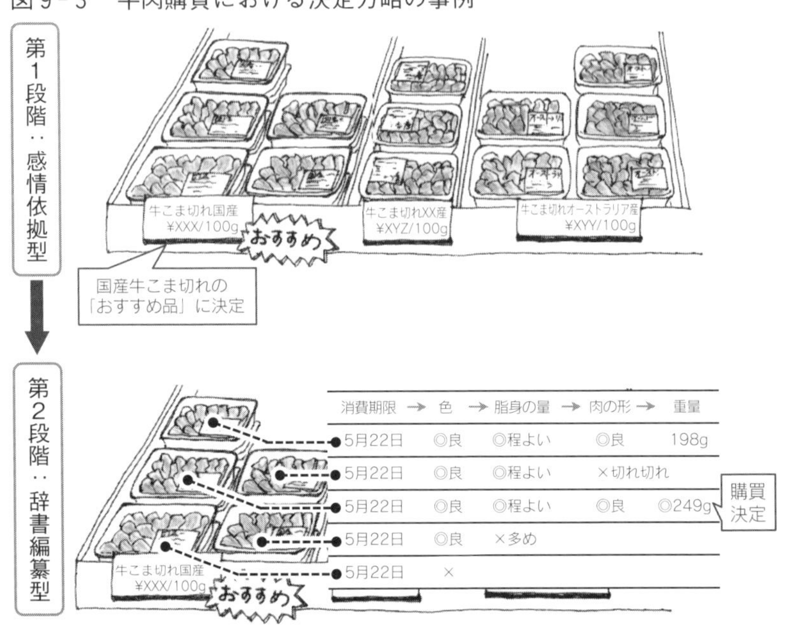

出所：新山他（2007）のデータをもとに作成された新山・鬼頭（2018）図９‐３を転載。

Iyengar and Lepper（2000）の実験結果によれば，豊富な選択肢は魅力的で消費者の関心を引くが，購買に対しては逆効果になる可能性がある。高級食品スーパーのジャムブースにおいて６種類のジャムを並べた場合，立ち止まった人の割合は40%，そのうち購買したのは30%であった。それに対して，24種類のジャムを並べた場合には，立ち止まったのは60%，そのうち購買に至った人の割合は３%にとどまったという結果が報告されている。

佐藤・新山（2008）の鶏卵選択の実験結果は，表示情報の種類（属性数）が少なくても多くても選択が混乱し，６前後のときに選択が最も安定することを示している[8]。これは，人間が同時に処理できる情報量が

8）佐藤・新山（2008）は，鶏卵のサイズ，価格，殻の色，賞味期限の４つを最低情報数として，情報数を増やした場合の選択の不正確さ（非合理性）を計測することにより，情報過負荷の影響を観察している。

7チャンク[9]前後といわれていることと一致する。消費者の情報に対する多様な要望と選択のしやすさの両方に配慮すると，選択時に必要とされる情報（鶏卵の場合には採卵日や賞味期限など）はパックのラベルに表示し，生産流通履歴などの詳細な情報は2次元コードなどにより参照可能にしておくということが考えられる[10]。

4. むすび

私たち消費者の価格判断やその基準は，過去から現在にかけて観察した価格情報や，値引きのパターンなどの買い物環境に影響を受けている。情報処理プロセス全体をみても，決して客観的で網羅的な情報処理をしてはいない。これらはAIではない人間の限られた認知能力ゆえの特質だが，私たち消費者は，自らの判断の「くせ」に留意して，値引き情報に踊らされることなく，情報を冷静にとらえることが必要である。

小売段階は，消費者の価格判断や情報処理プロセスの特性についての知見をもとに，マーケティング戦略や情報提供の方法を検討することが可能である。ただし，自らの利益だけではなく，フードシステム全体，あるいは社会全体の利益につながるような方向性―すなわち，生産・製造段階の各事業者の再生産を可能にし，フードシステムの存続を可能にする方向性―をもった戦略への利用が期待される。そして，私たち消費者もまた，限られた認知能力のなかでも，フードシステムの存続という視点から，公正な価格についての情報を求め，目の前の価格やプロモーションの意味を批判的に吟味する機会をもつことが望まれる。

《**キーワード**》 情報処理プロセス，ヒューリスティクス，内的参照価格

9）チャンクとは，情報のまとまりの単位を表す。
10）佐藤・新山（2008）にもとづく。

学習課題

1．近年，生鮮食品・加工食品のインターネット販売が普及しつつあるが，実店舗とインターネット通販とでは，購買意思決定の情報処理の仕方に違いがあるだろうか。第３節（３）の実店舗での食品購買意思決定に至る情報処理プロセスの説明を参照して，検討してみよう。
2．消費者の内的参照価格が低下すると，消費者はより低価格の商品を求めるようになり，それは生産・製造・流通段階の品質・安全にかける費用の圧迫と，再生産の困難さにつながる。消費者の内的参照価格の低下を防ぐために，小売業者と消費者にはどのような取り組みができるだろうか。参照価格の理論を用いて検討してみよう。

参考・引用文献

・青木道代（1996）「情報としての価格―商品および消費者特性による影響―」『消費者行動研究』第３巻２号，97-114頁
・青木幸弘（1992）「消費者情報処理の理論」大澤豊他編『マーケティングと消費者行動』有斐閣
・Iyengar, S. S. and M. R. Lepper (2000) When Choice is Demotivating: Can One Desire Too Much of a Good Thing?, *Journal of Personality and Social Psychology*, 79(6), pp.995-1006.
・前田洋光（2012）「消費者の関与」杉本徹雄編著『新・消費者理解のための心理学』福村出版*
・南絢子（2017）「消費者の生鮮食品購買における価格判断のメカニズム―米と牛乳を対象として―」『フードシステム研究』第23巻４号，315-327頁
・新山陽子・西川朗・三輪さち子（2007）「食品購買における消費者の情報処理プロセスの特質―認知的概念モデルと発話思考プロトコル分析」『フードシステム研究』第14巻１号，15-33頁

・新山陽子・鬼頭弥生（2018）「消費者の食品選択行動と市場」新山陽子編著『フードシステムと日本農業』放送大学教育振興会
・Petty, R. E. and J. T. Cacioppo（1981）*Attitude and Persuasion: Classic and Contemporary Approaches*, Westview Press.
・Petty, R. E. and J. T. Cacioppo（1986）*Communication and Persuasion: Central and Peripheral Routes to Attitude Change*, New York: Springer-Verlag.
・佐藤真行・新山陽子（2008）「食品購買時の提示情報量と消費者の選択行動」『フードシステム研究』第14巻3号，13-24頁
・白井美由里（2005）『消費者の価格判断のメカニズム―内的参照価格の役割―』千倉書房
・白井美由里（2012）「消費者の知覚」守口剛・竹村和久編著『消費者行動論―購買心理からニューロマーケティングまで―』八千代出版*
・杉本徹雄（1997）「消費者行動への心理学的接近」杉本徹雄編著『消費者理解のための心理学』福村出版
・杉本徹雄（2012）「消費者の意思決定過程」杉本徹雄編著『新・消費者理解のための心理学』福村出版*
・竹村和久（1997a）「消費者の問題認識と購買意思決定」杉本徹雄編著『消費者理解のための心理学』福村出版
・竹村和久（1997b）「消費者の情報探索と意思決定」杉本徹雄編著『消費者理解のための心理学』福村出版
・上田隆穂（1999）「品質バロメーターとしての価格」『学習院大学経済論集』第36巻1号，27-42頁

◎さらに深く学習したい人には，＊の図書をお薦めします。

〈コラム〉

消費者の食品リスク知覚

食品選択の場面では，消費者は品質や価格などの要素を考慮しているが，そうした重要な要素の１つに食品の安全性がある。消費者は，食品の安全性についての情報を，食品表示や売り場のPOPのみならず，テレビやSNSなどの種々のメディアを通じて受信し，またそれらを通じて収集することもある。そうした情報環境で形成された「リスク知覚 risk perception（リスク[11]の主観的な評価）」が，食品選択行動に影響を及ぼすことがある。

消費者のリスク知覚は，科学的なリスク推定（第11章参照）とは異なる。その背景には，第一に，消費者はヒューリスティクスを用いたリスク判断をしていること，第二に，消費者は悪影響の生起確率や重篤さだけでなく，恐ろしさや将来世代への影響，制御可能かどうか，自然由来か人工かなど，質的な要素を幅広く考慮してリスクを判断していることがある。

食品のリスク知覚の特徴の１つとして，消費者は「自然由来」であればリスクが低いと考える傾向があることがあげられる。しかし実際には，自然由来の物質にも毒性がある場合や，一定量を超えると健康被害をもたらす場合，あるいはアレルゲンとなる場合があり，リスクが低いとはいえない。また，食品リスク知覚においては，悪影響の重篤さにかかわる要素を強く知覚するが，確率についてはほとんど意識されていないことも報告されている[12]。また，過去の見聞を通じて形成されたイメージがリスク知覚に影響を及ぼし，購買行動を左右することもある。2011年の原子力発電所事故の後，放射線による重篤な健康影響のイメージがリスク知覚に大いに影響し，その結果，（放射性物質が未検出であっても）特定地域の農産物の購買を避ける風評行動が生まれている。

このような状況に対して，消費者がリスクリテラシーを高めること，専門家・行政が消費者のリスク知覚の特性をよく理解し，それを考慮した情報提供や政策立案を行うことが重要になる。そのための手段として，また，それらを実現する場として，関係者間の双方向のリスクコミュニケーション（第11章参照）の取り組みがますます求められている。

11）リスクとは，健康に悪影響が起こる確率とその重篤さのことを指す。食品由来リスクの定義については，第11章参照。

12）新山他（2011）にもとづく。

10 食品の価格と品質の調整システム
―フードシステムの垂直的調整―

新山陽子

1. はじめに[1]

フードシステムの流れのなかの川上と川下の事業者の垂直的関係は，「取引」[2]が基本となる。取引は，量，品質，価格を，売り手と買い手が交渉によって決め（合意，約定する），現物を受け渡すものであり，図10‐1のようにそれが何段階か連なることによって，農場から小売店に農産物や食品が届き，消費者が購入することができる。

取引をめぐる関係は，さまざまな形をとるので，まず，それを説明する（第2節）。次に，取引の要になる価格の合意がどのように行われるかを，第一の調整問題として取り上げる（第3節）。第1章で述べたよ

図10－1　フードシステムにおける川上から川下への市場と取引の連鎖（簡略概念図）

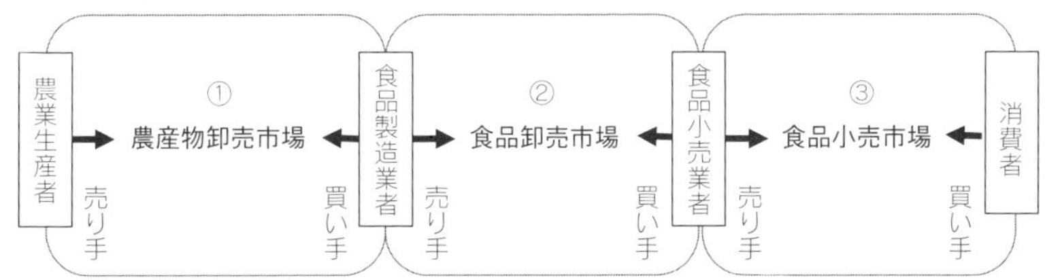

注）実際は図よりもう少し多段階であり，①や②の買い手として卸売業者が入る場合が多い。他方，野菜や果実のように，食品製造業者が関与しない場合は，①の買い手は農産物卸売業者や食品小売業者となる。食肉や鶏肉，牛乳，卵などは，①の買い手が食品製造業者ではなく，処理業者となる。なお，卸売業者が入る場合は，卸売業者と食品製造業者，小売業者との間の取引の場は二次卸市場（①'，②'）になる。
出所：新山（2020）の図2‐1を転載。

1）本章は，新山（2020），新山（2004），新山（2001）第9章をもとにまとめている。
2）契約的合意にもとづく生産物の所有権の移転を意味する。

うに，生産物への対価の支払いが，生産物の供給とバランスのとれたものでなければ，関係者の共存，ひいてはフードシステムの存続が難しくなる。最初に，調整の枠組みになる値決めに至るプロセス（価格形成システム）を説明する。価格交渉は，売り手・買い手が自らの裁量で自由に行っているようにみえるが，近代的な市場では，取引をスムーズにするための制度（ルーチンやルールや組織）が存在する。なぜ，それが必要かについても本質的なところから考えてみたい。また，価格形成システムを通して，ある段階で形成された価格が，他の段階や同じ段階の別の取引にも影響を与えている。そこにはフードシステムにおける事業者の交渉力や市場支配力が反映している。ここでフードチェーン全体を通したパワーバランス問題をもみておくべきだが，紙幅の関係から，これについては第4章第4節にまわした。事業者にとって生産を存続できるかどうかを左右する問題なので，あわせてそちらをみていただきたい。

取引する商品の品質は，仕様書などを交わして交渉され，それが価格にも反映するが，フードシステム全体を通して消費者が求める品質，あるいは社会的に求められる品質を整えることが必要な時代になった。そのような品質の調整制度についてもみてみよう（第4節）。

2．取引における垂直的調整

（1）取引における調整

取引をめぐるフードシステム構成主体の垂直的な関係は，①取引関係にあった企業が合併するなどして統合（結合）し，市場を介さないようになるか，②独立した企業として市場において取引関係を結ぶか，に大きく分けられる。市場を介する場合も，関係には幅があり，どのような取引形態あるいは価格形成システムをとっているかによって，その基本的な状況をとらえることができる。大きくは，（イ）生産契約など，比較的固定的な関係を結ぶ場合，（ロ）市場においてその都度，相手を探し，取引を行う場合，に分けられる。企業からみれば，①は取引を企業の内的調整に取り込み，②は外的調整下においている。これらの関係のなかで，利益とリスク，所有権の移転と物流（量と速度を含む），情報の調整が行われている。

これまで垂直的な関係の分析は，①や②の（イ）のように，市場取引を排除する固定的な関係のなかに支配関係が形成されるとみて，その解明に関心がもたれてきた。しかし，農産物や食品は，広い範囲で（ロ）の市場における取引がされており，そのなかでどのように利益やリスクが分配されているかを把握することが重要である。

（2）調整の内部化：企業結合

企業の統合（企業結合）は，3つのタイプでとらえられる[3]。垂直的統合は取引を内部化するので垂直的関係そのものを変えるが，水平的統合も販売や購買のシェアを大きくするので取引交渉力に大きな影響を与える。

垂直的統合についてみると，経済学理論では統合の有利性に着目した議論が多く（コラム参照），進みやすくみえるが，表10 - 1に示したように不利性もあり，進むかどうかはそのバランスによって決まる。食品分野では，例えば，食品製造企業が原料生産企業を買収したとしても，リスクを分散するために100%内部取引にしないことも多い。工業製品でも，統合ではなく下請け，生産契約などの方法をとることが多い。実

3）同一製品の同一生産段階を統合する「水平的統合」，同一製品の前後の生産段階を統合する「垂直的統合」，異質な分野を統合する「総合的統合（コングロマリット）」がある。統合の方法には，会社を1つに統合する「合併」，買収された側の会社も残る「買収」（営業譲受）がある。また，結合がより緩やかな，資本提携（出資参加）やグループ化（子会社，共同出資会社設立）など，出資関係を通した部分的な所有統合もある。

表10－1　垂直的統合の有利性と不利性

	項目	事項
有利性	品質	生産プロセスの効率性（一貫作業による技術的合理化，原料の質の安定確保）
	費用	1）技術的合理化（原料の安定的供給による） 2）生産物の移動の効率性（各生産段階の製品の運搬費，在庫費の節約） 3）管理費の節約・管理情報の改善（規模の経済） 4）中間利潤の排除 5）取引費用の低減
	リスク	2つの段階の間でのリスクの埋め合わせ（各生産段階の収益率の平均化）
	総収益	両方からの利益の獲得
不利性	費用，損失のリスク	1）各生産段階の生産量，生産速度のバランスの維持困難 2）製品分野の経済環境の構造的悪化時に，弾力的な行動が困難（大きな不経済が発生） 3）製品需要の変動が大きい場合，企業の弾力性，安定性水準が低下 4）統合する生産段階の生産上のリスクを抱え込む（農産物生産段階に関してはそれがとくに大きい：天候，病気，技術など） 5）統合する生産段階の技術，情報が異質で固有性が高い場合，その段階の経営意思決定への参入障壁が高く，意思決定の統合にリスクがともなう
	費用	1）統合する生産段階の技術，情報が異質で固有性が高い場合，シナジー（複合効果）がない 2）系列全体に集権管理が行われた場合，原料（製品）を他の企業に販売することが困難となり，原料（製品）の生産規模が制約され，規模の不経済が発生

出所：新山（2020）表2－1を転載。原資料は，占部（1983），新山（2001）による。

際，垂直統合の目的は，企業の量的成長，商標やノウハウの獲得，アンテナ機能など多岐にわたり，必ずしもすべてにおいて原材料や生産物の受け渡しに非市場的で排他的な固定的関係が結ばれるわけではない。

表10 - 1の不利性のなかの「費用，損失のリスク」の４)，５）についてみると，農産物生産段階は生産物の個体差が小さくて斉一なほど技術的なリスクが低下する。しかも，工場的生産がしやすくなるので，天候，疾病から切り離され，生産上のリスクはより小さくなる。意思決定上の参入障壁も低下する。畜産分野では，小家畜（肉用鶏，採卵鶏）＞中家畜（肉豚）＞大家畜（肉牛）の順に家畜個体の斉一化，工場的生産が進み，飼料輸入業者や飼料メーカー，畜産物処理事業者によるインテグレーション（垂直統合）が進んだ。逆に，牛では，飼養の技術と情報の固有性が高いので，畜産の生産者の方から，処理・加工，流通，生産資材生産分野へ進出する例が比較的多い（高い経営能力をもっていることが前提であり，誰もができるわけではない)。

（３）外的調整における関係：生産契約，販売契約，直取引

外的調整つまり市場取引の場合は，直取引，販売契約，生産契約のいずれかの取引形態をとる。直取引（スポット取引ともいう）は，市場にだされた生産物について，量，品質，価格を交渉によって取り決め，受け渡すことを指す。価格のリスクは，売り手・買い手間の交渉に委ねられる。

生産契約は，委託者が，生産に必要な技術や知識，生産資材などを提供し，請負者の労働などの投入に対価を支払う。どちらが何を投入するか，請負者への支払額，経営に対する監督，リスクの負担，生産物の量と品質が契約のなかで定められ，それによって，費用，利益，リスクが双方で分割される。また，契約は生産開始前に行い，生産過程にある生産物は委託者の所有であることが多い。労働報酬が約束されるので，生産者は価格と生産のリスクから保護されるが，意思決定の独立性は低くなる（吉田 1975，新山 2001，2020)。

販売契約は，生産物の収穫あるいは販売前に，生産者と購買者の間で，その商品に対する価格（あるいは価格決定の方法）を取り決める。この場合は，生産者が生産中の生産物を所有するので，管理上の意思決定の多くの部分は生産者に残り，生産者の独立性は高い。そのため，生産者がすべての生産リスクを引き受けることになる。価格リスクは，生産者と購買者で分けることになる。この場合には後に述べるフォーミュラ・プライシングとよばれる価格形成方法をとることが多く，公式の決め方によって価格リスクの分配は異なる。

3．市場における関係：価格の交渉と価格形成システム

市場の取引は，新古典派経済学の原理的なモデルにあるような，神の見えざる手によって瞬時に需要と供給がマッチングされ価格が決まるようなものではなく，取引は売り手と買い手の生身の人間同士の交渉を経て決まる。したがって，取引の度に繰り返し行われる交渉プロセスがスムーズに進められるよう，関係者が共有するルールや型，定型的な行動がある。その中心が交渉の方式すなわち価格形成システムである。また，そこには交渉者のもつ情報，技能や交渉力さらには市場支配力が反映する。そのため，ルールを公正にし，市場を整備する社会的な制度がある。交渉力を交渉の方式やプロセスから読み取ることもできる。以下，交渉の方式から順にみていきたい。

（1）競争構造と価格形成システム：価格交渉はどのようになされるか

価格の交渉の方式には，いくつかのよく知られている類型がある（表10 - 2）。それは商品市場の競争構造によって異なる。農産物のように，事業者数が多く，市場が原子的競争状態にあるときの価格形成システム

表10－2　代表的な価格形成システム

	価格形成システム		取引の場	取引形態
自由市場的	オークション（せり，競売）	組織された取引所に，多数が会合し，せり人の仕切りにより，1つの品・ロットごとに需給会合価格を発見する	家畜市場，卸売市場，商品取引所	直取引
	ネゴシエイション（相対交渉）	売り手・買い手の個別交渉にもとづく価格発見	個別相対取引	直取引・先渡し取引
	フォーミュラ・プライシング（公式）	特定の公式を用いて値決めする		直取引・先渡し取引・販売契約
	集団交渉	交渉力の弱い生産者が組織をつくって交渉する	生産者の共同販売	直取引・先渡し取引
管理的	価格リスト・提示価格	売り手による価格リストの提示，買い手の価格提示（ネゴシエイションの変形）	個別相対取引	直取引・先渡し取引
	費用加算（コストプラス）	原料価格に製造費用を積み上げて製品価格を算定し，提示する		直取引・先渡し取引・販売契約・生産契約
	費用減算	販売価格から製造費用を引いて仕入れ価格を算定し，提示する		
	定価（固定価格）	製造費用などをもとに前もって製品価格を定めておく		
行政管理	行政決定	審議会などを設けて決定する	重要食料の政府買い入れ等の場合	

注）価格リスト・提示価格はネゴシエイションの変形とされる。
出所：新山（2020）表2-2を転載。新山（2001），高（2004）をもとにして作成。

として，Tomek and Robinson（1972）は，①個別交渉（ネゴシエイション），②組織された取引所・せり（オークション），③フォーミュラ・プライシング（formula pricing）（「フォーミュラ」は価格決定のための計算式），④生産者団体または協同組合による集団交渉，⑤私的・

公的両部門での行政的決定をあげている。価格のバイヤー提示をあげる論者もある。他方，寡占的競争状態にあるときは，協定，プライスリーダーシップ，さらに価格リストや提示価格，費用加算（個別見積価格）などの価格形成方法をとる[4]。

自由市場システムの目標は，誰でもが市場価格に到達できるようにするための最適な方法をつくり出すことだとされ，そのために制度やルールが設けられている。その根拠は，認知科学を取り入れた経済学の見地からも示されている。価格の交渉に当たって，いくらの値段を相手に提示するか，提示された値段がいくらなら受け入れるか，判断にはよりどころとなる情報が必要である。値決めの交渉のたびに完全な情報を得て，最適解を得る合理的な計算を行って，売り買いの価格の判断を下すのではない。人間が認知できる情報の量，時間と計算の能力・速度には制約（「限定合理性」という）があり，情報処理の負荷を減らすには，経済主体が効率的な共通の決め方の方式をもつことや，経済主体のなかに基礎（基準）価格（考慮の出発点となり，そこから微調整を始められるような base price）を必要とする。そのために，価格情報が公開される仕組みがつくられており[5]，それが共有され，価格交渉の参照要素やガイドとして受け取られる[6]。

日本では卸売市場の経由率が高く，農産物の価格発見の方法として，組織された市場における「せり」システムに関心がもたれてきたが，世

4）これらは管理的システムとされ，寡占企業がマーケットシェアを転換したり，利益や売上を最大化したり，製品を差別化しようとして採用するものとされ（Tomek and Robinson 1972），有効競争の実現から監視や禁止措置がとられる。

5）卸売市場や商品取引所などが公表する価格，あるいは民間情報会社や政府が情報を収集し集計した価格が経済新聞などに掲載される。

6）ホジソン（1997）は，交渉に当たっては，将来の予想価格ではなく，過去の価格の動きについてのおおざっぱな経験を基礎に予想を形成していると指摘する。ガイドとなる過去の価格の情報を必要とすることが見過ごされているのは，経済主体が絶えず価格をめぐって値切りあいを行って，価格の変動が相互の利益になるという見方が競争的な市場についての通説になっているためであると述べている。

界的にみると普遍的なのは売り手と買い手のネゴシエイションにもとづく価格発見である。

ネゴシエイションには，売り手，買い手が入手できる情報，取引技能や交渉力が，より大きく価格に反映される。そこに大きな格差がある場合には，価格形成の目的をそこなう。交渉にかける時間の価値が高い場合には，費用が高い価格形成方法である（Tomek and Robinson 1972）。

日本や欧州の1960年代以前の農畜産物の取引では，農業生産者は規模が零細で交渉力も取引技能ももたず，川下の情報から遮断され，問屋がそれらの力において大きく勝っていた。日本や欧州では，それを改善するために農業協同組合を育成し，交渉力を高める方策がとられた。

またそれ以上に，組織された市場を整備すること，日本ではとくにそこに「せり」による集合的で透明度の高い価格形成を導入し，価格形成システムを転換する方策に力が入れられた。

産地において家畜の取引を行う家畜市場や，魚の産地市場，消費地において野菜や果物（青果物），魚，食肉を取引する卸売市場は，多くの取引を１カ所に集中させることによって効率的に行うことができるようにした，組織された取引所である。そこには第５章でみたように，取引を公正に行うためのルールが設けられてきた。価格形成においては，日本では下記の理由から「せり」が積極的に採用されてきた。

「せり」は，生きた家畜や野菜などのように，品質差の大きい商品に，効率的に価格を付ける機能をもつ。売り手と買い手の双方が多数の者からなる原子的な状態の競争構造においては効率的で，かつ公正で透明性のある価格形成方式だとされる。また，組織された集合的な市場において発見された価格は，政府の市場情報サービスや新聞紙上に公表されることによって，市場外で行われる価格交渉の基礎価格となり，広く社会的に交渉の効率と費用を節減する機能を果たす[7]。

7）McCoy and Sarhan（1988）は，情報の非対称性（偏り）を減らし，零細な交渉者が依拠できるような交渉の基礎価格を与えるためには「公表価格」が重要な役割を果たし，売買価格へ到達するための調整の基礎（the base）になると述べている。

先渡し取引とフォーミュラ・プライシングもよくみられる。先渡し取引においては，契約時に，数ヶ月先に受け渡す品質，量などの取引事項とともに，価格を決める公式が約定される。公式には，特定のあるいは複数の卸売市場の平均価格やその他の公表価格が「基礎」として用いられることが多い。例えば，産地で取引する場合は，「東京・大阪の市場の前週平均価格－産地までの運賃±品質等級調整」のような公式が使われる。このように公表価格が基礎にされると，透明性の高い公正な価格形成ができるとされる[8]。イギリスでは，酪農家と乳業メーカーとの間の生乳の価格形成を透明化し，酪農家が将来の経営見通しを立てやすくするためにフォーミュラを導入することが法律で要請されている。

（２）複合的な価格形成システム：垂直的な調整の起点は何か

図10‐１のようにフードシステムの垂直方向に複数の段階の取引があり，それぞれ異なる取引形態と価格形成システムがとられることが多いが，それらは相互に関係しあい，全体として１つの複合的なシステムを形成している。多くの場合，起点となる価格形成システムがあり，そこで形成された価格を基礎にしたり，参考要素にしたりしながら他の価格形成システムが運営されている。それぞれの価格形成システムにおいて，何がその基礎とされ，参考要素とされるかをたどることによって，どこが起点として大きな影響を与えているか，各システムは相互にどのようにつながっているかをみいだすことができる。

梅干しについてみると，伝統産地である和歌山のみなべ・田辺地域の農家と梅干し業者が取引した「白干し」の価格が，新興産地の「白干し」のフォーミュラの基礎価格となっている（則藤 2016）。牛乳では，指定団体と乳業メーカーとの交渉価格（生産者乳価）が，指定団体を通さない取引の基礎価格になっている一方，小売事業者の飲用乳の仕入れ

8）公式には他の要素も組み込まれる。標準生産費にマージンを加えて価格を決めることもある。この場合は，生産者は価格リスクから保護される。価格の上限下限を決めておく場合もあり，価格リスクを折半することになる。

価格がフードチェーン全体に大きな影響を与えている。生協産直でも，協議が形骸化し，乳業プラントと生協のバイヤーとのネゴシエイションによる値決めに変わり，その際，以前は生産費補償への配慮から，生産者乳価を含む産地乳業プラントの製造費用が重要な参照要素になっていたが，近年は生協の販売価格が強い参照要素になっているとの報告がある（松原 2016）。牛肉は，枝肉の3割が中央卸売市場で取引されており，そこで形成される需給会合価格が，市場外で取引されるネゴシエイションやフォーミュラ・プライシングの基礎に使われ，また，そうして調達された枝肉の製造経費をもとにして部分肉価格のプライスリストがつくられるなど，重要な基準の役割を果たしている（新山 2001）。

4．品質の規定と調整

（1）2つの品質概念：新しい品質概念の登場

1980年代後半から90年代にかけて世界で発生した食品スキャンダル（化学物質汚染，微生物による食中毒，BSE）は，食品の品質への考え方を大きく変化させる契機になり，フードシステム各段階を通した生産プロセス管理が求められるようになった（新山 2001）。

それまでは，「製品に体現された品質」（製品の品質：自然科学的な方法で検証できる）が，工業的な標準化された生産において，また現代マーケティングのなかで採用されてきた一般的な品質の概念であった。そこに，食品事件を経てさまざまな再考がなされ，大量生産・大量流通に埋没していた伝統農産物・伝統食品の価値の再評価，手を掛けた高品質の食品の評価，原産地への関心，環境問題への対応（有機生産や有機物循環，化学物質の低投入など環境負荷の少ない生産方法，生物と親和性の高い生産方法）などを消費者が求め，社会的な重要性が認識されるようになった。それらの動きは，どのような方法で生産されたか，どこで生産されたかなどを重視する，「生産プロセスに意識を向けた品質」（プロセスの品質）といわれる新たな品質概念の登場となってあらわれた。

一方，プロセスの品質をもつ製品は，「財」として特別な性質をもつ。「製品の品質」は，形や色は使用前に評価ができ（このような性質を探索財という），また，味は食べて評価でき，不味ければ次には購買されない（経験財）。これらの製品の品質の確保に追加的な費用がかかったとしても，標準品に対して一定の価格差別ができれば，市場で対価が得られる。ところが，「プロセスの品質」は使用前にも使用後にも消費者には認識（評価）できない（このような性質を信用財という）。そのため，購買時にこれらの製品が識別できるようにしなければ，市場で相応の対価を得ることができず，標準品との価格競争に投げ込まれ市場から駆逐されてしまう。また，生産者や流通事業者のフリーライド（費用のかかる生産方法をとらずにただ乗りする）が発生する場合がある。本来の製品を生産している生産者にも，消費者にも不利益が及ぶので，それを防ぐ措置が必要になる。このように，市場において新たな調整の仕組みが必要になった。

（2）品質の調整１：製品に体現される品質

生産・製造・流通のプロセスが，フードチェーンの川上から川下まで多段階に及ぶので，システム構成者全体の品質をめぐる垂直的な調整をどのように進めるか，フードチェーンを通したアプローチが必要になる。その調整の場と調整システムが考察されなければならない。

製品に体現される品質は，各段階の事業者毎の内的な品質調整によって確保されるが，原料の生産，製品の製造，保管，輸送と多段階の事業者がかかわるようになると，全体を通して適切な管理がされなければ，望ましい品質の製品を消費者に提供できない。スポット取引や販売契約の場合，価格を通してある程度の評価がされるとしても，それだけでは調整は事後的になり，かつ価格だけでは情報が足りない。規格や商標も情報を補助する。それをもとに取引プロセスで，原料・製品を選別するという選択的な調整がされるが，それも事後的である。生産契約は仕様書を含むので事前の強い調整がされるが，先に述べたように生産者には制約もともなう。加えて，原料の市場，製品の市場と市場が多段階であるために，一貫した調整は図りにくい。そこで，各段階の事業者毎の内的な品質調整に加えて，フードチェーンを通した社会的な調整が必要とされるようになった。

事業者内では，内的な品質調整の向上のために，品質管理室・品質保証室が設けられ，ISO9000シリーズなどの品質管理システムが導入されるようになった。

一方，社会的な調整として，欧州では，垂直的な品質管理プログラムが発達している。専門職業間組織などによって，各段階の仕様書が作成され，関係者に共有される（新山 2001：第9章参照）。日本でも，京都の鶏卵，鶏肉のフードチェーンにおいて，養鶏場，PCセンター（卵の格付けと包装を行う施設），食鳥処理場，小売事業者，京都府，学術関係者が共同で開発した仕様書にもとづくシステムが動いている。このような垂直的調整システムは，フードシステムの関係者全体にとって，製品に関する不確実性（情報の非対称性，品質の絶対的な不確実性）と品質のリスクを削減するシステムであるといえる。製品取引契約ではないので価格による調整は含まれず，費用は価格に転嫁されない。期待される効果は，信頼の獲得である。高度な社会的アプローチであり，社会的役割や正当性，利益の一致，社会集団としての利益，コミュニケーションと社会的合意，信頼がその鍵概念である。

（3）品質の調整 2：プロセスの品質[9]（認証制度とは何か）

信用財であるプロセスの品質については，消費者が識別できるようにし，フリーライダーを排除するために，関係者組織による調整が行われてきた。典型例として神戸ビーフの認証制度の創設がある。今日では，社会的なレベルで公的な調整システムが設けられるようになった。国による規制措置（認証制度の創設）である。有機農産物の認証制度，伝統地域産品の保護のための地理的表示制度はその代表例である。ヨーロッパではこれらの制度の整備が進んでいる。

まず，何が正真の品質か，どのような品質が保護されるべきか，保護されるべき品質を決定しなければならない[10]。ついで，その合意された品質が監査によって検証可能なように，品質の形態を文言で定義しなければならない。同等性（定めた品質を備えている物か，そうでない物か）が判定できる指標が必要だからである（テブノ 1997）。これらは，関係者が協議し，合意するプロセスを経て，社会的に調整される。その後，その品質の生産が行われるが，そこでは品質は事業者の内的調整に委ねられる。品質の形態定義に，生産プロセスの管理方式を含むことによって，品質の生産を企業の内的調整のみに委ねず，関係者集団のなかで，フードシステム全体にわたる垂直的な調整や，伝統産地全体にわた

9）食品の安全・衛生も信用財の性質をもつ。汚染は食中毒となって経験的に評価されるが，そのような事態は事前に防がねばならないものである。品質の調整とはシステムに違いがある。1980年代・90年代前半には，民間の自発的な調整によっていた（国の基準設定・検査の一方，一定の衛生管理の仕組みを導入し，民間の認証制度によってそれを証明する手法などが用いられた）が，本格的には2000年代に入り，国際的な合意にもとづき，消費者の健康を保護するために，調整は規制（必ず実施しなければならない義務的な措置）によって行われるようになった。すべての食品に安全が確保できる措置をとるためである。安全は製品の価格とは切り離される（価格を通して選択される対象ではない）。そのため食品安全については別に第11章で論じる。

10）アレール，ボワイエ（1997）は，品質の調整において価格は限定された機能しか果たさない，品質は市場に持ち出される前に事前に規定されなくてはならないとする。

図10－2　プロセスの品質の認証制度に必要な要素と取り組みのプロセス

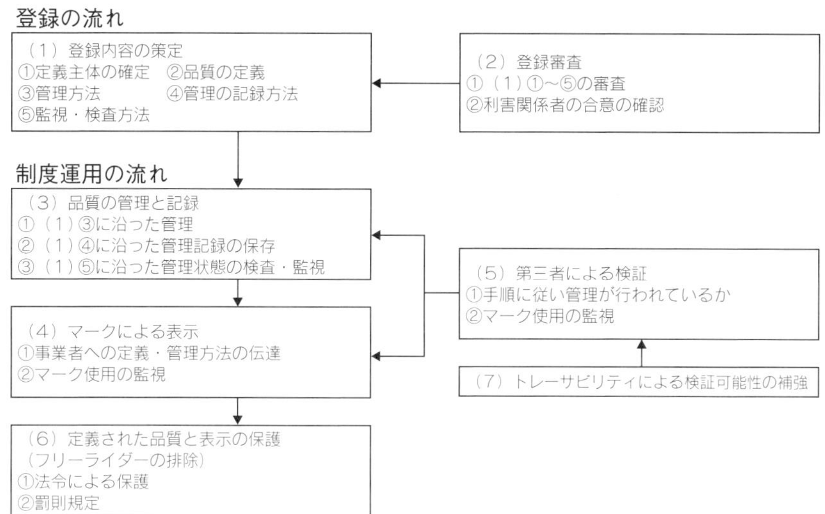

出所：泉谷（2016）を転載。原資料は，新山（2004）をもとに，村松（2013），玉田（2016）が加筆修正したものに，さらに泉谷が加筆修正したもの。

る地域的な調整などの社会的な調整が加えられる（大住 2020）。

商標は品質識別のシグナルとして用いられるが，企業のマーケティング活動が，自社の製品の差別化のために導入し，過度の差別化を進めてきたことから，商標は製品の同定の機能を弱め，品質に対する信頼が失われてきた。また，商標は経験による確認と伝統，名声（世論）が基礎となって識別の指標となるが，信頼は企業に委ねられる。それに対して，公的な認証制度においては，品質の形態を定義をし，第三者機関によって検証できるようにしたうえで（登録検査による認可，定期監査），マークや表示が用いられる。認証表示はそのような識別の記号であることによって，商標の失われた信頼を取り戻すことができる。

公的認証制度は，このような一連のプロセスからなる品質の社会的な調整装置なのである。図10－2は，その要素をまとめたものである。

5．むすび

取引における関係の調整，とりわけ価格の合意の調整システム（価格形成システム），そして品質をめぐる調整システムのとらえ方について検討した。

大切なことは，「制度」は制約であり，「市場」は流動性をもたらすとする誤った2分法に立つのではなく（ホジソン 1997），市場における取引はルールや組織，公表価格を含む交渉に関する調整の制度があって成り立っていることに対する認識である。社会環境が変化する際には，市場の状態の変化，移行する方向性を見極め，代替的な制度を検討し提示することが市場を機能させるために重要である。

《キーワード》 価格形成システム，パワーバランス，競争構造，品質調整システム

学習課題

1．取引において価格はどのように決められているか，主な価格形成システムをまとめ，それらを支える制度の役割について考えてみよう。
2．農産物や食品の品質に対する考え方はどのように変化してきたか，まとめてみよう。また，そのような品質を確保するためにどのような制度や取り組みがあるか考えてみよう。

参考・引用文献

- G・アレール，R・ボワイエ（1997）「農業と食品工業におけるレギュラシオンとコンヴァンシオン」アレール，ボワイエ編著，津守英夫・清水卓・須田文明・山崎亮一・石井圭一訳『市場原理を超える農業の大転換―レギュラシオン・コンヴァンシオン理論による分析と提起』農山漁村文化協会
- G・M・ホジソン（1997），八木紀一郎監訳『現代制度派経済学宣言』名古屋大学出版会
- 泉谷真現子（2016）『認証制度における地域と地域産品と結び付きの評価―地理的表示法への申請・登録産品を事例に―』京都大学大学院農学研究科修士論文
- 高漢錫（2004）『韓日両国におけるバナナのフードシステムに関する実証的研究』京都大学大学院農学研究科修士論文
- L・テブノ（1997）「市場から規格へ」アレール，ボワイエ（1997）
- 松原拓也（2016）「生協産直における価格形成方法の実態―京都生協と生活クラブの産直牛乳取引を事例に―」『農業経営研究』第54巻第3号，61-66頁
- McCoy, J. H. and M. E. Sarhan（1988）*Livestock and Meat Marketing*, Third edition, Van Nostrand Reinhold Company Inc.
- 村松亜季（2013）『地域ブランド認証制度の意義と課題』京都大学大学院農学研究科修士論文
- 新山陽子（2001）『牛肉のフードシステム―欧米と日本の比較分析』日本経済評論社
- 新山陽子（2004）「食品表示の信頼性の制度的枠組み」『食品安全システムの実践理論』昭和堂
- 新山陽子（2020）「フードシステムの垂直的調整―価格形成システム―」「フードシステムの垂直的調整―品質の調整システム―」「フードシステムにおける品質調整の課題と調整の枠組み―コンヴァンシオン理論のアプローチを借りて―」新山陽子編著『フードシステムの構造と調整』（フードシステムの未来へ1）昭和堂*
- 則藤孝志（2016）『梅干しのフードシステムの空間構造と産地動態に関する研究』京都大学大学院農学研究科博士学位論文
- 大住あづさ（2020）「伝統性・地域性をもつ食品の品質調整―千枚漬原料・大か

ぶを事例に―」新山陽子編著『フードシステムの構造と調整』（フードシステムの未来へ 1）昭和堂*
・玉田茜（2016）「地域ブランド発展のための認証制度のあり方―鹿児島の壺造り黒酢の3つの制度の比較を通して―」京都大学大学院農学部卒業論文
・Tomek, W. G. and K. L. Robinson（1972）*Agricultural Product Prices*, Cornell University Press.
・占部都美（1983）『改訂企業形態論』（第4版）白桃書房
・吉田忠（1975）『食肉インテグレーション』（日本の農業 101）農政調査委員会

◎さらに深く学習したい人には，＊の図書をお薦めします。

〈コラム〉

企業結合のタイプ

水平的統合は，同じ生産段階にある会社を統合して，事業の規模を大きくし技術効率を高めコストを節減すること（規模の経済の追求）などがめざされるため，合併が行われることが多い。他方，異なる生産段階の事業に進出しようとする垂直的統合や総合的統合では，その分野の技術や情報をもたないため，もとの会社を残す買収が行われることが多い。また，相手会社を残すことによって，その商標やブランドを生かすことも多い。

垂直的統合の目的について，内部組織の経済学やそこから発展した理論において用いられる取引コスト論の観点からは，市場取引から企業内部取引にすること（内部組織化）による取引コスト節減行動として説明されることが多い。例えば，取引相手を探索し，交渉し，相手が契約に反しないようチェックする行動にかかる費用（情報の非対称性と機会主義的行動の節減の費用といわれる）が，取引を内部化すると不要になると考えるのである。しかし，論理的にも現実にも必ずしもそうとはいえない。内部組織化には費用を大きくする要因もあり，費用が節減されるかどうかは両者のバランスによって決まるからであり，生産段階の特性と組織化の度合い（取引形態）によってそれは大きく異なる。そして完全な内部組織化となる（物流を内部化した）垂直的統合は不利性の方が大きいように考えられる。有利性，不利性は表10‐1にまとめた通りである。

11　食品の安全，信頼の確保とその考え方

鬼頭弥生

1．はじめに[1]

食品の安全性の確保は，人々の生命と健康を保護し，経済的な発展を促すために，国際的に重要な課題となっている。近年では国際貿易の拡大や，食品とその原産地の多様化，新たな生産・加工技術の開発と普及，食生活パターンや嗜好の変化，耐性菌や新興ウイルス・細菌の出現を背景に，新たな食品汚染の問題が発生する可能性が増し，また，食品安全性確保のアプローチの修正を要する局面が生まれている。こうした状況を背景に，日本を含む多くの国で食品の安全性確保のための国際的な枠組みが導入され，定着と強化が図られてきた。

本章では，食品安全性確保に取り組むうえで必要な考え方と「リスク」の概念，それにもとづく食品安全性確保のための制度を示し，行政，フードチェーンの各段階の事業者，そして消費者の役割を検討したい。

2．食品の安全性確保の考え方と「リスク」の概念の導入

（1）食品の安全性確保の思想

食品の安全性確保の目的は，消費者の生命と健康の保護である。その目的を達成するために，一次生産から消費までのフードチェーン全体を通した管理（フードチェーンアプローチ）が必要とされる。従来は最終製品の検査による安全性確保が主流であったが，現在では，生産から消

1）本章は，新山陽子・鬼頭弥生（2018）「食品の安全，信頼の確保とその考え方」新山陽子編著『フードシステムと日本農業』放送大学教育振興会をもとに筆者がまとめた。

費までを通して汚染を防ぐことが，より有効と考えられている。また，食品安全行政においてはすべての利害関係者の意見・情報の交換が重視されている。そして，「科学にもとづいた」政策をとる必要があるということが，国際的な合意となっている[2]。科学を基礎とすることは，WTO（世界貿易機関）のSPS協定（衛生と植物防疫措置の適用に関する協定）において原則とされる[3]。

これらの考え方のもと，科学にもとづいて政策を立案・実施し，関係者間で意見・情報を交換するための枠組みとして，国際的な「リスクアナリシス」の枠組みが提示されている。

(2)「リスク」の概念の導入

食品分野において「リスク」は，「食品中にハザードが存在する結果として生じる健康への悪影響の可能性（確率）とその影響の重大さの関数」（Codex 2007）と定義されている。「ハザード」は，「健康に悪影響をもたらす原因となる可能性のある，食品中の生物学的・化学的・物理的な物質または食品の状態」（Codex 2007）のことを指す。生物学的なハザードには，腸管出血性大腸菌などの病原性の細菌や，ノロウイルスのようなウイルス，アニサキスのような寄生虫が含まれる。化学的ハザードには，ダイオキシンなどの環境中の化学物質，意図して使用される食品添加物や残留農薬，食品に元来含まれる自然毒やアレルゲンなどがある。また，物理的ハザードには，金属片や放射性物質などが含まれる。

こうしたハザードは，完全に排除できるわけではない。環境中や家畜やヒトの体内にはさまざまな微生物が常在し，バランスを保ちながら生

2）食品安全性確保の考え方については，山田（2004）およびFAO/WHO（2006）にもとづく。

3）SPS協定の第2条は，科学的原則にたち科学的証拠にもとづいていること，偽装された貿易障壁にならないことを前提として，加盟国が人と動植物の生命と健康の保護措置をとる権利を保障している。

態環境を維持しており，ヒトにとって有害な微生物だからといって完全に排除することは困難である。人体に不可欠な栄養素でも過剰摂取すると健康被害がでるように，一定量までは利益になるが，それを超えると危害を及ぼすような物質もある。遺伝子の変異などによって予測不能な危害が発生する可能性もある。検査技術の制約や，ヒューマンエラーの可能性も常につきまとう。

したがって，ハザードとそれがもたらす悪影響は，100%安全か危険かという二律背反ではなく，程度の問題としてとらえなくてはならない。具体的には，実際のハザードの摂取量はどのくらいか，ハザードの摂取量に対して悪影響があらわれる可能性はどのくらいか，悪影響があらわれたときの悪影響の深刻さはどのくらいかが問題になる。そこで，悪影響の「起こりやすさ（発生確率）」と「深刻さ（重篤度）」の程度を示す指標として，「リスク」の概念を導入することが必要になる。これにより，リスクの程度を予測して（リスク評価），政策や規制措置を実施して将来に備える（リスク管理）ことができる。また，悪影響の種類，深刻さも起こりやすさも異なる種々のハザードに対し，リスクという共通のものさしを用いて評価することにより，経済的・時間的・人的資源の制約のなかで，リスクの高いものから優先的に対策を講じることも可能になる[4]。

（3）国際機関，各国政府，事業者，消費者の役割

食品由来のリスクを低減して社会的に許容可能なレベルに管理するためには，すべての関係者の協働が必要である。各国の政府には，食品由来リスク管理のための適切な制度を整備し規制措置を講じる責任があり，科学を基礎とする「リスクアナリシス」の枠組みが導入されている。生産現場の事業者は，自らの工程においてリスクを削減するために

4）「リスク」の概念の導入については，新山（2004，2012，2016）にもとづく。

適切な衛生管理を行う第一義的な責任をもつ。そして消費者もまた，食品リスクをめぐり，バランスある判断や行動が求められる。

国際レベルでは，WHO（世界保健機関），FAO（国連食糧農業機関），OIE（国際獣疫事務局），IPPC（国際植物防疫条約事務局），WTO（世界貿易機関），OECD（経済協力開発機構），コーデックス委員会[5]が連携して食品リスク管理に向けた活動を行っている。食品についてはコーデックス委員会，動物はOIE，植物はIPPCが国際規格を示している。

3．食品安全性確保のためのリスクアナリシスの枠組み

リスクアナリシスは，「リスク評価」，「リスク管理」，「リスクコミュニケーション」から成る意思決定過程である。1995年にFAO/WHOにより枠組みが策定され，その後，加盟国向けのガイドライン（FAO/WHO 2006）と作業原則（Codex 2007）が示されている。

「リスク評価」はリスクの科学的評価を行うプロセスである。「リスク管理」は，リスク評価の結果およびその他の社会的・経済的・文化的・倫理的要因を踏まえて，リスク低減のための政策や措置を選択・実施・モニタリングするプロセスである。それらの全プロセスを通してリスク評価者，リスク管理者，その他の利害関係者の間で情報や意見を相互に交換する「リスクコミュニケーション」が求められる（FAO/WHO 2006）。

リスク評価に利害が反映されることがないように，リスク評価とリスク管理には機能的な分離が求められる[6]。しかし，同時に，リスク評価

5）コーデックス委員会は，国連食糧農業機関（FAO）と世界保健機関（WHO）により1963年に設立された政府間組織である。消費者の健康保護と食品の公正な貿易の確保などを目的とする組織であり，国際食品規格（コーデックス規格）やガイドラインの策定などを行っている。

6）機能的分離においては，リスク管理とリスク評価のために別々の機関や担当者をおくことを必ずしも求めているわけではない（FAO/WHO 2006）。

図11－1　食品リスクアナリシスにおけるリスク管理とリスク評価の要素

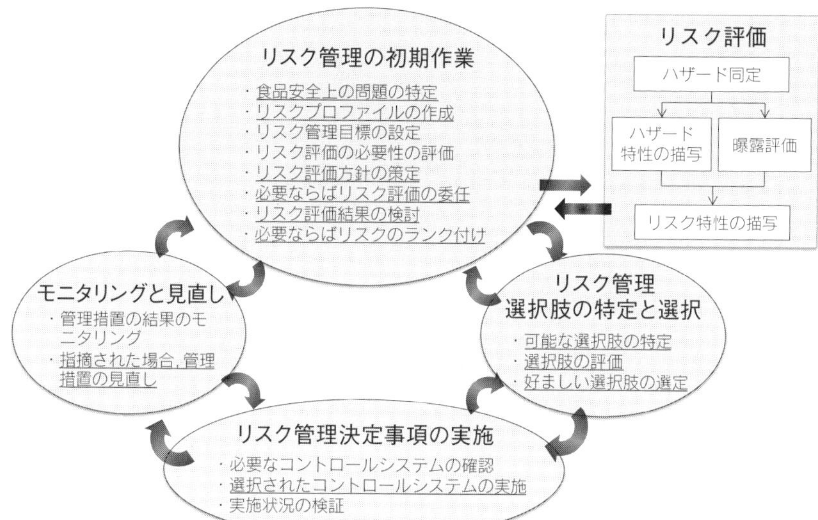

注）下線は，効果的なリスクコミュニケーションが必要なステップであることを表す。
出所：FAO/WHO（2006）および新山陽子（2012）をもとに作成。

者とリスク管理者の間には，リスク評価方針や評価結果の共有という点で密接なコミュニケーションが求められる[7]。

日本においては，2003年に制定された「食品安全基本法」によりリスクアナリシスが導入された。食品安全委員会がリスク評価を担当し，農林水産省と厚生労働省，消費者庁がリスク管理を担っている。

リスクアナリシスは，一連の段階を連続的に進むプロセスではなく，現実には反復的かつ継続的なプロセスである（図11－1）。あるリスク管理の措置が選択されてそれが実施されても，そこでリスクアナリシスが終了するわけではない。実施の結果をモニタリングし，その結果によっては管理措置の見直しを行う場合もある。リスクアナリシスの一連のプロセスは文書化し，透明性を確保することが求められる。また，い

7）新山（2012）参照。

くつかの段階では消費者や食品事業者を含むすべての関係者の間でリスクコミュニケーションを行い，すべての関係者が意思決定過程に参加することが求められる。

リスクアナリシスを有効に機能させるためには，食品関連の法律や規制，リスクアナリシスの各要素を担う機関，検査・モニタリング体制と能力，教育，コミュニケーションなどの基盤を，国家レベルで備える必要がある。また，専門性と人材の面では，リスク評価を行う十分な科学的能力とともに，政策と実務の両レベルにおいてリスクアナリシスを理解する政府担当者・意思決定者を擁することが不可欠である[8]。

(1) リスク管理の初期作業

リスクアナリシスは通常，リスク管理の初期作業から始まる。食品安全上の問題が特定され，科学論文，各国の規制措置やリスク評価結果をもとにリスクプロファイルが作成される。これには，関係する食品，ハザードへの曝露経路，現状の措置などが含まれる。リスク管理者はこれをもとにリスク管理目標を設定し，リスク評価の必要性を判断する。リスク評価が必要と判断されれば，リスク評価方針を策定し，リスク評価機関に評価を委任する。リスク評価後には，評価結果を検討し，必要に応じてリスクのランク付けを行ってリスク管理の優先順位を定めることとされている。ただし，緊急性が示唆される場合には，リスク評価を委任しながら，その結果を待たずに暫定的な規制措置の決定に進む場合もある。

なお，日本においては，リスクプロファイルをもとに予備的リスク推定を行い，リスク管理の優先度リストを作成することとされている[9]。これに従って農林水産省は2006年に優先的にリスク管理を行うべき有害化学物質・微生物のリストを公表している。

8）FAO/WHO（2006）より。

9）農林水産省・厚生労働省「農林水産省及び厚生労働省における食品の安全性に関するリスク管理の標準手順書」平成17年８月（平成27年10月１日改訂）参照。

（２）リスク評価

リスク評価は，「ハザード同定」「ハザード特性の描写」「曝露評価」「リスク特性の描写」から構成される，科学にもとづく過程である（図11‐1）。定性的または定量的なリスク評価が行われるが，後者の定量的評価にもバリエーションがあり，決定論的アプローチと確率論的アプローチとがある。決定論的アプローチは，単一の数値をもとに単一の数値を算出する方法で，ポイント推定ともよばれる。汚染率や摂取量などのデータの平均値あるいは最悪の値をもとに解析する方法で，化学物質のリスク評価において従来から一般的に用いられている。確率論的アプローチは，データの不確実性や変動性（個人差など）に対応するために，解析に用いるデータを確率分布（とりうる値の範囲と各値になる確率を示したもの）として用い，推定結果も確率分布のかたちで求める方法である。これは，微生物のリスク評価で通常用いられる方法である[10]。なお，リスク評価にはメカニズムに関する知見やデータの制約などからくる不確実性が存在する。リスク評価においては，こうした不確実性とその要因を示すことも求められる。

以降は，化学物質の一般的なリスク評価と微生物のリスク評価の概要をみていく。

〔化学物質のリスク評価〕

関連情報を整理（「ハザード同定」）したうえで，「ハザード特性の描写」と「曝露評価」が行われる。

「ハザード特性の描写」においては，ハザードに起因する健康影響の評価が行われる。動物実験や疫学調査のデータから，化学物質の摂取量と健康影響発生率の間の関係（用量－反応関係）が解析される。有害な化学物質には，摂取量が微量であれば健康影響はあらわれず，一定量（閾値）を超えると影響の発生率が増加し始める物質（閾値のある物質）

10）FAO/WHO（2006）および熊谷・山本（2004）にもとづく。

図11－2　化学物質における ADI の設定：残留農薬・食品添加物の場合

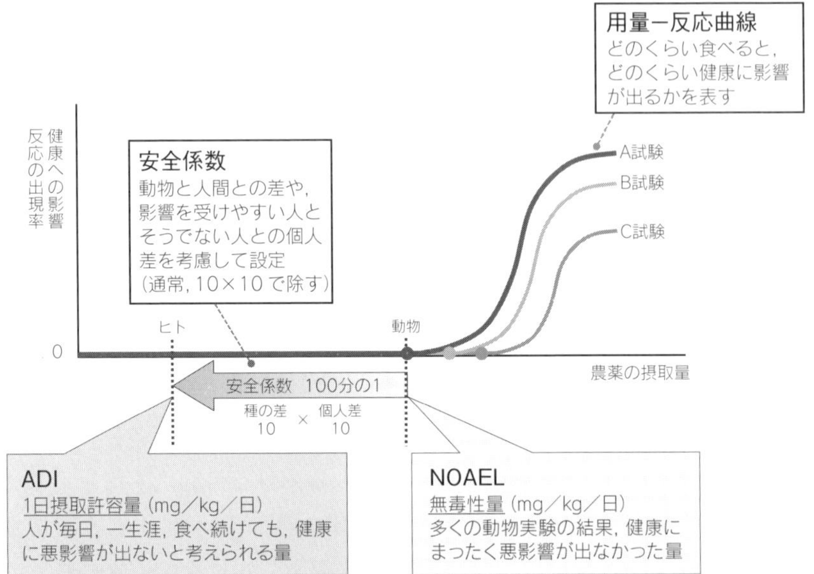

出所：農林水産省ウェブサイト「農薬の基礎知識」https://www.maff.go.jp/j/nouyaku/n_tisiki/tisiki.html（2021年12月１日採録）および食品安全委員会「残留農薬に関する食品健康影響評価指針」（2019年10月（2020年６月一部改訂））http://www.fsc.go.jp/hyouka/index.data/R20616_zanryunoyakushishin.pdf（2021年12月１日採録）をもとに作成。

と，微量でも影響発生率が増加し始める物質（閾値のない物質）とがあるが[11]，それぞれに対応した解析が行われる。

閾値のある物質の場合は，健康への悪影響があらわれない用量の推定が行われる。図11－2に示すように，動物実験をもとに，実験動物にどのくらいの量を食べさせるとどのくらいの確率で影響があらわれるかを表す用量－反応曲線が描かれる。多くの試験の結果，まったく影響が観察されなかった量（NOAEL：無毒性量）が推定される。この無毒性量は動物実験から推定された値であるため，動物とヒトの種差と，ヒトのなかでの個人差を考慮して，安全係数100で除して「ADI：１日摂取許

11）遺伝子損傷性の発がん物質は，影響のあらわれ方に閾値がない物質である。遺伝子損傷性でない発がん物質や，発がん以外の影響をもたらす物質は，影響のあらわれ方に閾値がある物質である。

容量」または「TDI：耐容１日摂取量」が算出される[12]。いずれも，人が毎日一生涯食べ続けても健康に影響があらわれないと考えられる量（１日当たり・体重１kg当たり）を表している。

影響のあらわれ方に閾値のない物質においては，そもそも「健康に影響があらわれないと考えられる量」は存在しない。そこで，影響発生率が一定割合（５％，10など）になる用量を計算し，データ数やばらつきを考慮して安全側に立った用量（BMDL：ベンチマーク用量信頼下限値）を推定する方法が導入されている。

「曝露評価」においては，対象となる化学物質の経口摂取量を推定する。食物の摂取量データや化学物質の含有量データなどをもとに推定が行われる。

以上のプロセスの後，「リスク特性の描写」が行われる。影響のあらわれ方に閾値のある物質の場合は，実際の摂取量がADI/TDIのレベルを超えないかどうかの判定が行われる。影響のあらわれ方に閾値がない物質の場合は，BMDLに対する実際の摂取量のレベルを比で表す「MOE：曝露幅」[13]を算出する方法が用いられる。この曝露幅にもとづき，措置の必要性の検討や優先順位付けを行うことが可能になっている。

〔微生物のリスク評価〕

微生物のリスク評価[14]においては，はじめに，対象とする病原体または病原体・食品の組み合わせに関するデータを整理する。対象とする病原体の特性とヒトの疾病の両側面について整理をする（「ハザード同定」）。

「ハザード特性の描写」においては，食中毒の疫学調査データなどを

12）意図して使用する食品添加物や農薬の場合には，ADI（１日摂取許容量），意図して使用しない，重金属やカビ毒などの化学物質の場合には，TDI（耐容１日摂取量）の名称が用いられる。

13）BMDLを実際の摂取量［１日当たり・体重１kg当たり］で除した値。

14）微生物のリスク評価の詳細は春日（2001）および熊谷・山本（2004）参照。

用いて，摂取する病原体の個数に対してどのくらいの確率で症状があらわれるかの関係（用量－反応関係）の解析が行われる。

「曝露評価」は病原体の摂取量を推定するプロセスだが，微生物は温度などの環境条件により増減するため，食品の生産から消費に至るフードチェーンを通した解析がなされる。フードチェーンの各段階の汚染の頻度と汚染濃度（病原体数）が推定され，最終的な摂食時の汚染頻度と汚染濃度（病原体数）が推定される。

以上を踏まえ，特定の集団が病原体ないし食品から被る健康被害がどの程度で，どのくらいの頻度（確率）で起こるのかの総合的な推定が行われる（「リスク特性の描写」）。必要に応じて，想定される対策を講じた場合に，どの程度のリスク低減効果が期待できるかの推定もなされる。

日本で実施された鶏肉中のカンピロバクター・ジェジュニ／コリ[15]のリスク評価[16]においては，数学的モデルを用いた曝露評価とハザード特性の描写を経て，最終的に飲食店／家庭での１食当たりの感染確率の推定がなされている。推定結果は，100万回のシミュレーションの各回の結果（１食当たり感染確率）を積み重ねた確率分布（どの感染確率の値がどのくらいの頻度で算出されたかを表す）とその平均値の形で表されている（図11‐3）。鶏肉を生食する集団と生食しない集団との間には，感染確率に大きな差があることが示されている。また，生食割合を減らすなどの対策をとった場合のリスク低減効果も推定されている。

15）家畜や家禽類の腸管内に生息し，食肉（とくに鶏肉）や内臓などを汚染することのある細菌である。非加熱または加熱不十分の鶏肉やその他の食肉などを原因として食中毒を引き起こす。１～７日の潜伏期間を経て，下痢・腹痛・発熱・頭痛などの症状が起こる。数週間後にギランバレー症候群を発症する場合もあるとされる。その予防方法としては，食肉（とくに鶏肉）の十分な加熱と交差汚染防止があげられる（食品安全委員会 2009）。

16）食品安全委員会（2009）にもとづく。

図11－3　鶏肉中カンピロバクター・ジェジュニ／コリのリスク評価結果：
1食当たりの感染確率（抜粋）

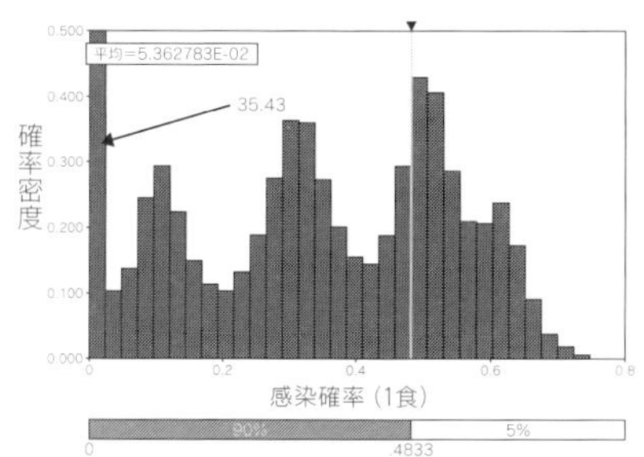

鶏肉を生食しない人

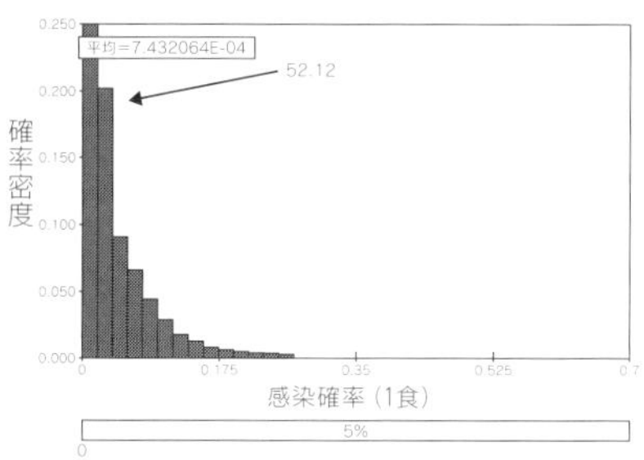

飲食店での1食当たりの感染確率　　飲食店での1食当たりの感染確率

鶏肉を生食する人	鶏肉を生食しない人
1食当たりの感染確率の平均値：飲食店で5.36%，家庭で1.97%，⇒ 年間平均感染回数：3.42回／人	1食当たりの感染確率の平均値：飲食店で0.07%，家庭で0.20% ⇒ 年間平均感染回数：0.364回／人

注）鶏肉中のカンピロバクター・ジェジュニ／コリについての，日本における現状のリスクの推定結果より，飲食店での感染確率の推定結果のみ抜粋。

出所：食品安全委員会「微生物・ウイルス評価書　鶏肉中のカンピロバクター・ジェジュニ／コリ」（2009年6月）より転載のうえ，平均値の加筆を行った。

（3）リスク管理の選択肢の特定・選択，実施，モニタリング

リスク評価結果の検討を踏まえて，リスク管理の選択肢の特定と選択が行われる。リスク低減効果が最も大きい措置に焦点を当てながら，実行可能性，費用対効果，公平性，倫理的事項，新たなリスクの発生などを考慮して選択肢の決定がなされる。措置が実施された後には，意図した結果が得られているかどうかのモニタリングが行われる。モニタリングの結果次第では，新たなリスク評価が必要になる場合もある。

食品添加物や残留農薬の場合には，ADIにもとづいた残留基準・使用基準の設定による管理がなされる[17]。鶏肉中のカンピロバクター・ジェジュニ／コリの場合には，リスク評価結果を踏まえ，鶏肉の生食割合低

17）意図して使用する食品添加物や農薬の場合，影響のあらわれ方に閾値がなくADIを設定できない物質（遺伝子損傷性の発がん物質）は，使用が禁止される。

減を目的とした事業者・消費者への注意喚起がなされている他，農場段階と食鳥処理場段階の衛生管理についての研究が継続されている。

(4) リスク管理措置と効果の考え方

リスク管理措置には，主として，特定の物質の特定の管理ポイントでの「基準値設定」と検査による措置と，「生産・製造・流通の衛生規範」による包括的な管理措置とがあるが，近年は後者が重視されている[18]。図11 - 4に示す通り，基準値設定は，サンプリング検査によって汚染濃度が基準値を超える食品を特定し排除する手法である。ただし，最終製品の検査であるため，この方法だけでは限界があると考えられる。他方，生産・製造・流通の衛生規範による管理は，事業者が作業環境や作業工程を管理する手法であり，食品全体の汚染水準の低減を図ることができる。

図11 - 4　リスク管理措置と効果のあらわれ方

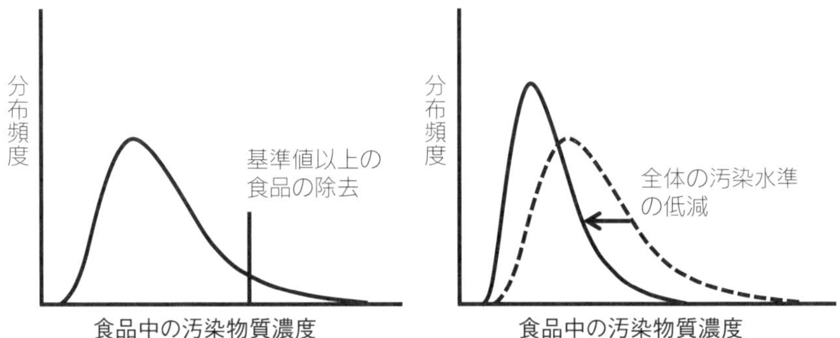

注）主に，有害化学物質を想定して示しているが，有害微生物に関しても上記の考え方が適用できると考えられる。

出所：新山（2012）より転載のうえ，新山（2012）の説明をもとに筆者が一部修正。注は筆者が加筆した。

18）新山（2012）にもとづく。

包括的な管理措置の現場の仕組みとしては，①衛生的な原材料を前提に，②作業環境の衛生としての「一般衛生管理」，③食品の取り扱いの衛生としての「HACCP」方式が求められている。一般衛生管理は，材料，施設・設備や作業員から製品が汚染されることを防ぐ管理方式で，施設・設備・使用水の衛生，作業員の衛生，検査設備の保守点検，製造工程の基本的管理(加熱・冷却など)が含まれる[19]。その作業規範はGHP(適正衛生規範)[20]とよばれる。

HACCP（Hazard Analysis Critical Control Point）は，重要なハザードを重要な管理点で集中的に管理する工程管理の方式である[21]。事業者自らの分析にもとづいて，重要なハザードと重要管理点（加熱工程など），その管理基準（加熱時の温度など）を設定する仕組みである。重要管理点とは，それを逃すと許容しがたい健康被害や品質低下を招くおそれのある管理ポイントのことを指す。

リスク制御のための規制的措置の文脈でも，基準値設定と検査だけでなく，事業者における包括的な管理の仕組み(一般衛生管理やHACCP)の導入義務付けや，実施状況の検査といった措置が重視されつつある。

（5）リスクコミュニケーションの現状と課題

「リスクコミュニケーション」は，リスクアナリシスの全過程において，リスクやその関連因子，リスクの認知について，リスク評価者，リスク管理者，消費者，産業界，学界やその他の関係者の間で，情報と意見を相互に交換することをいう（FAO/WHO 2006）。リスクコミュニケーションの目的は啓蒙や広報活動ではなく，関係者が互いの視点を理解し尊重することにある。そして，この情報・意見交換のプロセスは，よりよいリスク管理の実現につながるといえる。

日本においては，リスク管理者とリスク評価者の間のコミュニケー

19）コーデックス委員会により国際的な規範が示されている（Codex 2003）。
20）農場段階の実務規範はGAP，工場における実務規範はGMPとよばれる。
21）コーデックス委員会によりHACCP原則が示されている（Codex 2003）。

ションが十分でないという大きな課題があるとともに，行政・専門家と消費者の間のコミュニケーションにも課題がある。行政・専門家と消費者の間のコミュニケーションは主として，行政機関・自治体主催の意見交換会や，ホームページやパンフレットによる情報提供の形式で行われてきた。意見交換会は，意見の交換とは名ばかりで，実際には専門家による講演と質疑応答の形式で行われることが多く，リスク評価結果や管理措置に対する理解と受容を促す一方向的な説得コミュニケーションになるきらいがある。情報提供もまた，一方向的なコミュニケーションにとどまるという問題点がある。幅広い関係者の参加のもとで情報・意見を交換する双方向のコミュニケーションを実現する工夫が求められている。

リスクコミュニケーションにおいては，消費者のリスク知覚（認知）への配慮も重要である。一般の消費者は，直観的にさまざまな質的要素を考慮してリスクを判断する（第 9 章コラム参照）。行政や専門家には，コミュニケーションの場，さらには政策決定の場において，消費者を含む関係者の認知を考慮することが望まれる。

4．むすび

食品の安全性を確保するために，行政は制度や規制を整備する役割を担っており，フードチェーンの各事業者は適切な衛生管理を行う役割を有している。そして消費者もまた，フードチェーンを構成する一員として，安全性やリスクの問題に対して適切な判断と行動をすることが求められる。

日本の消費者は概して「ゼロリスク志向」が強いといわれる。例えば，サンプリング検査に不安を感じ，全数検査を望む傾向がみられる。しかし，ゼロリスクに近づけようとすればするほど，リスク管理措置にかかる総費用は増大し，かつ，リスク１単位を低減するのにかかる費用も増大する。私たち消費者は，リスク管理措置の意味や費用と効果の関係，そのフードシステムの各段階への影響について，今一度立ち止まって客観的に考える必要がある。低価格の食品を求める一方で，過度ともいえるリスク管理措置を消費者が志向する状況は，生産・製造段階の事業者を圧迫することにつながりかねない。消費者は，リスクやリスク管理措置について客観的に吟味する視点をもち，自らの立場から他の関係者と意見交換を行い，互いの立場を理解し尊重し合い，リスク管理の在り方についてともに考えていくことが必要である。

《**キーワード**》　リスクアナリシス，リスク評価とリスク管理，リスクコミュニケーション，フードチェーンアプローチ

学習課題

1．食品中の「ハザード」と食品由来の「リスク」とは，それぞれどのような概念だろうか。食品に含まれるハザードの具体例を用いて説明してみよう。さらに，食品安全委員会のウェブサイトを確認し，日本においてどのような食品由来リスクが問題になっているかを確認してみよう。
2．食品のリスク管理措置としてあげた，（A）「基準値設定」による措置と，（B）「生産・製造・流通の衛生規範」による措置においては，それぞれ，誰がどのような活動を行うことによってリスクを制御するのだろうか。具体的な食品ないしハザードを例にあげながら，説明してみよう。

参考・引用文献

・Codex Alimentarius Commission（2003）*Recommended International Code of Practice, General Principles of Food Hygiene*, CAC/RCP 1-1969, Rev.4-2003.

・Codex Alimentarius Commission（2007）*Working Principles for Risk Analysis for Food Safety for Application by Governments*, CAC/GL 62-2007.

・FAO/WHO（2006）*Food Safety Risk Analysis: a Guide for National Food Safety Authorities.*（林裕造監訳（2008）『食品安全リスク分析―食品安全担当者のためのガイド―』日本食品衛生協会）

・春日文子（2001）「微生物学的リスクアセスメント―その動向と実際―」『獣医疫学雑誌』第2巻，89-97頁

・熊谷進・山本茂貴編（2004）『食の安全とリスクアセスメント』中央法規

・新山陽子（2004）「食品由来のリスクと食品安全確保システム」新山陽子編『食品安全システムの実践理論』昭和堂*

・新山陽子編（2010）『解説食品トレーサビリティ―ガイドラインの考え方/コード体系，ユビキタス，国際動向/導入事例（ガイドライン改訂第2版対応）』昭和堂

・新山陽子（2012）「食品安全のためのリスクの概念とリスク低減の枠組み―リスクアナリシスと行政・科学の役割―」『農業経済研究』第84巻第2号，62-79頁

・新山陽子（2016）「食品安全行政におけるリスク低減の枠組みとレギュラトリーサイエンス」斎藤修監修，中嶋康博・新山陽子編著『フードシステム学叢書 第2巻 食の安全・信頼の構築と経済システム』農林統計出版*

・食品安全委員会（2009）「微生物・ウイルス評価書　鶏肉中のカンピロバクター・ジェジュニ/コリ」

・山田友紀子（2004）「リスクアナリシスの枠組み」新山陽子編『食品安全システムの実践理論』昭和堂*

◎さらに深く学習したい人には，*の図書をお薦めします。

〈コラム〉

危機管理とトレーサビリティ

食品トレーサビリティは，しばしば食品安全性確保の文脈で語られるが，トレーサビリティが確保されれば食品安全水準自体が向上するというわけではない。しかし，確実なリスク管理・衛生管理のうえに確保されたトレーサビリティは，食品事故が発生した際の危機管理の仕組みとして重要な役割を果たしうる。

事故が発生してしまった際には，健康被害の広がりをできる限り食い止めることが重要であり，問題となる製品を流通段階や消費者の手元から迅速かつ的確に回収することが必要になる。的確な製品回収のためには，汚染の可能性のある製品の範囲とその流通先を特定しなければならない。それを可能にする仕組みが食品トレーサビリティである。食品のトレーサビリティは，「生産，加工及び流通の特定の１つまたは複数の段階を通じて，食品の移動を把握できること」（2004年コーデックス委員会総会）と定義されている。すなわち，トレーサビリティの本質は，食品の移動を追跡・遡及できるようにすることである[22]。

トレーサビリティにおいては，①遡及・追跡可能性の確保と，②内部トレーサビリティの確保が重要である。①は，原料ロット（識別の単位）をどこから仕入れ，製品ロットをどこに販売したのかを，記録をもとに特定できるようにすることである。特定の原料に問題があった場合，①が確保されていれば，全量回収によって確実に回収できる。②は，どの原料ロットからどの製品ロットをつくったのかを，記録をもとに特定できるようにすることである。②も確保できれば，問題となる製品ロットに的を絞った回収が可能になる。さらに，製品ロットと製造・衛生管理記録の対応付けがなされていれば，原因究明にも資することになる。

22）食品トレーサビリティシステムについては，新山（2010）参照。

12 食品廃棄と食品産業，消費者の行動

工藤春代

1. はじめに

日本では，まだ食べられるのに捨てられる食品の量は年間およそ600万 t であり，重さでみると国民１人１日当たりおよそ茶碗１杯分のご飯の量に相当する[1]。まだ食べられる食品を捨てることは，食品の生産・流通に用いられた資源や労力を無駄にすることを意味する。過剰な CO_2 の発生により環境負荷の増大にもつながる[2]。これらを減らすにはどのようなことが必要になるのだろうか。食べられる食品を廃棄することについて，多くの人がもったいないという意識をもっているにもかかわらず，このような廃棄はなぜ発生してしまうのだろうか。

本章では，まず，日本における食品廃棄の現状と，国としてどのような対策が取られているのか（第２節），食品産業ではどのような取り組みがされており，課題は何か（第３節）をみる。第４節では，食品廃棄・食品ロスを生み出す消費者行動を分析した研究成果を紹介し，どのようにすれば家庭での廃棄を削減できるかを考える手掛かりとし，さらに，どのような研究や議論が必要になるかを考えたい。

１）農林水産省ウェブサイト「食品ロス及びリサイクルをめぐる情勢」（令和３年５月）にもとづく。https://www.maff.go.jp/j/shokusan/recycle/syoku_loss/attach/pdf/161227_4-185.pdf（2021年６月22日採録）

２）FAO（2011）や Fusions（2016）を参照した。

2．日本における食品廃棄の現状と食品廃棄物削減に関する法律

（1）日本における食品廃棄と食品ロス

2018年度の農林水産省による推計[3]では，食品関連事業者からの食品廃棄物は1,765万 t，家庭からの食品廃棄物は766万 t である（図12－1）。食品廃棄物のなかには，事業者からだされる茶殻や焼酎の搾りかすなど食用とならないものや，有価物（大豆ミール，ふすまなど）もあれば，規格外品や返品，売れ残り，食べ残しなど，まだ食べられるのに捨てられるものもある。家庭からの食品廃棄物のなかにも，みかんの皮や魚の骨など食べられないものもあれば，食べ残しや過剰除去，期限切れが

図12－1　食品関連事業者および一般家庭からの食品廃棄物（2018年度）

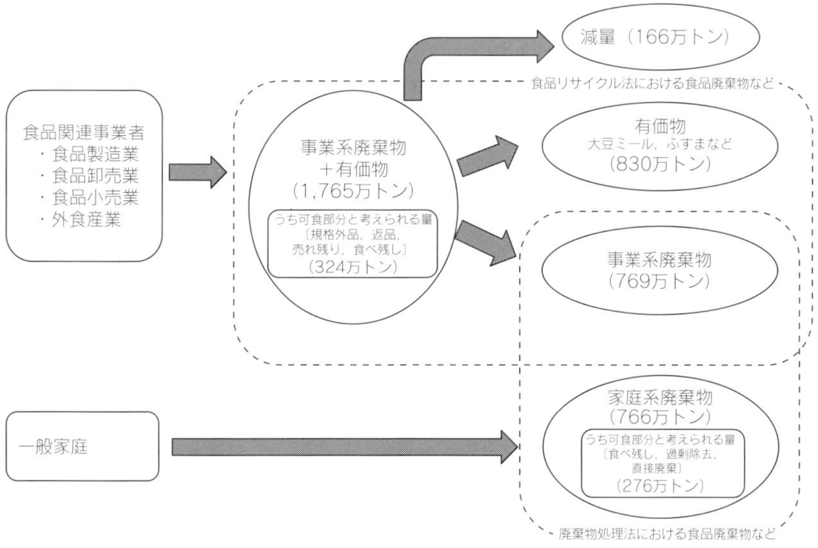

出所：農林水産省資料「食品廃棄物等の利用状況等（平成30年度推計）概念図」より一部転載。

3）農林水産省ウェブサイト「食品廃棄物等の利用状況等（平成30年度推計）」にもとづく。https://www.maff.go.jp/j/shokusan/recycle/syoku_loss/attach/pdf/161227_4-179.pdf（2021年 6 月22日採録）

迫っての廃棄など，本来なら食用となるのに捨てられるものもある。このようなまだ食べられるのに捨てられる可食部分（農林水産省はこれを「食品ロス」とよんでいる）に着目すると，事業者から324万 t，家庭から276万 t が排出されており，食品関連事業者と一般家庭からの食品ロスの量に大きな差はない状況となっている。

（２）食品廃棄物・食品ロス削減のための法律

食品廃棄物については，2000年に制定された食品リサイクル法（正式名称は「食品循環資源の再生利用等の促進に関する法律」）がある。食品リサイクル法は，食品廃棄物等の発生抑制や減量化，飼料や肥料等への利用，熱回収等の再生利用についての基本的事項を定め，食品関連事業者による再生利用の取り組みを促進させる措置をとるものである。食品リサイクル法にもとづく「食品循環資源の再生利用等の促進に関する基本方針（令和元年７月）」により，業種別に発生抑制と再生利用（リサイクル）を合わせた量である「再生利用量等」の目標値が定められている。食品の場合，リサイクルは，飼料とされることが最も多く（74%），ついで肥料（17%），メタン化（４%）となっている[4]。

再生利用量等の目標値はフードシステムの各段階の再生利用等のしやすさを考慮して定められている（表12‐１）。食品製造業では比較的少ない種類で大量の廃棄物が排出されるのに対し，食品小売業や外食産業では多種多様な食品廃棄物が少量かつ分散して排出される。また，容器包装がされていたり塩分が含まれているため，フードシステムの川下に向かうにしたがって再生利用は難しくなる[5]。

現在の実施率をみてみよう。食品廃棄物等の年間発生量をみると（表

4）かっこ内の数値は，2018年度の再生利用の用途別の割合を示したものである。農林水産省ウェブサイト「平成30年度食品廃棄物等の年間発生量及び食品循環資源の再生利用等実施率（推計値）」にもとづく。https://www.maff.go.jp/j/shokusan/recycle/syokuhin/attach/pdf/kouhyou-12.pdf（2021年６月22日採録）

5）日本フードスペシャリスト協会編（2008）にもとづく。

表12－1　食品産業の食品廃棄物等の発生量および再生利用等の実施率

区分	年間発生量（千t）	再生利用の実施量（千t）	熱回収の実施量（千t）	減量（千t）	再生利用以外（千t）	廃棄物としての処分量（千t）	発生抑制実施量（千t）	再生利用等実施率（%）	目標値（%）
食品製造業	13,998	11,159	409	1,630	382	418	2,156	95	95
食品卸売業	284	152	1	13	21	96	27	62	70
食品小売業	1,223	468	0	4	3	747	310	51	55
外食産業	2,148	397	1	16	8	1,726	355	31	50
食品産業計	17,652	12,176	411	1,663	414	2,988	2,849	83	

注）2020年度から新しい目標値が適用され，食品卸売業が75%，食品小売業が60%に引き上げられる。

出所：農林水産省「平成30年度食品廃棄物等の年間発生量及び食品循環資源の再生利用等実施率（推計値）」の表より一部改変して転載した。

12－1），食品製造業で最も多くなっているが，再生利用等の実施率も最も高くなっている。それに対して，外食産業で目標値との乖離がみられ，この段階での再生利用等に課題が残されていることがわかる。なお，可食部である食品ロスに着目すると，食品製造業からの排出が全体の39%を占め，ついで外食産業が全体の36%，食品小売業が20%，食品卸売業が５%を占めている[6]。

また，廃棄物に対する対策では再生利用（リサイクル）に注目されがちであるが，３Ｒの原則に従って，そもそもの発生量を減らす発生抑制や減量を進めていくことが重要であることはいうまでもない。発生抑制に関しては，肉加工品製造業や牛乳乳製品製造業など業種別に，売上高や製造数量当たりの食品廃棄物発生抑制の目標値が定められている[7]。

さらに，2019年に制定された「食品ロスの削減の推進に関する法律」

6）注１の資料にもとづく。

7）農林水産省ウェブサイト「食品廃棄物等の発生抑制の取り組み」https://www.maff.go.jp/j/shokusan/recycle/syokuhin/hassei_yokusei.html（2021年６月22日採録）

では，事業者からだけでなく，家庭からの食品ロス削減を進めることも目的に，食品ロスの削減に関し，国，地方公共団体，事業者の責務や消費者の役割が述べられている。

3．食品産業における発生抑制・再生利用の取り組みの現状と課題

次に，まだ食べられるのに捨てられる食品ロスに注目して，食品製造業や食品流通業（卸売業，小売業），外食産業などの食品産業では，なぜ，食品ロスが発生するのかを考えてみたい。

（1）食品製造業・流通業

食品製造業や食品流通業においては，印字ミスや規格外品の発生，製造過多，流通過程での商品の汚損・破損，売れ残り，定番カット食品などによって，食品ロスが発生する。

また，いわゆる3分の1ルールという商慣習があり，食品ロス発生の1つの要因とされている。これは図12‐2に示した通り，製造日から賞味期限までの期間（例えば6か月）を3等分し，スーパーマーケットへの納品期限を製造日から3分の1までの期間とし，スーパーマーケットでの販売期間も3分の1の期間とするものである。つまり，この例では，賞味期限までまだ4か月残っていても製造日から2か月を過ぎればスーパーマーケットに納品することができない。また，スーパーマーケットにおいても賞味期限までまだ2か月あっても，店頭から撤去される。これらの商品は廃棄されたり，返品されたりすることになる。これは，常に新しい商品を小売の店頭に並べるために納品や販売の期限を設けるものである。厳しい納品期限は卸や製造業に負担をかけるものであ

図12－2　3分の1ルールによる期限設定の概念図（賞味期限6か月の場合）

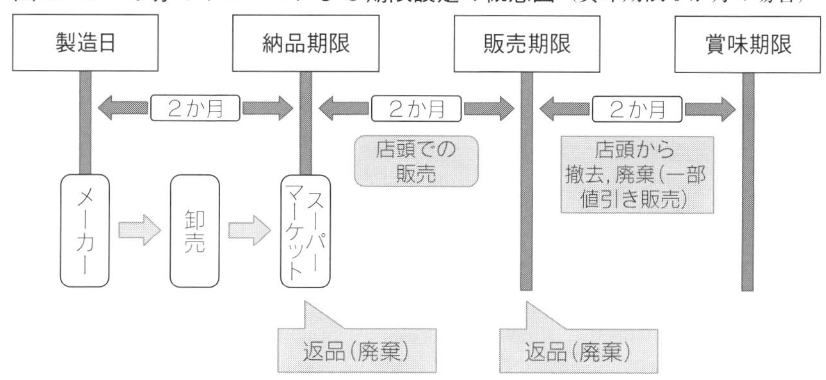

出所：農林水産省「食品ロスの削減とリサイクルの推進～食べ物に，もったいないを，もういちど～」（平成28年10月）の図を一部転載した。

り，フードチェーンのパワーバランスに偏りがあることにも関連すると考えられる。

このような状況に対して，農林水産省補助事業として実施されている「食品ロス削減のための商慣習検討ワーキングチーム」において，スーパーマーケットへの納品期限を緩和する取り組みが進められている。その他にも，賞味期限表示の大括り化や賞味期限の延長などが食品製造業者により進められている[8]。これらは食品ロスの削減につながるとされているが，この点に関連して賞味期限などがどのように設定されているか，ふれておきたい。

賞味期限や消費期限は，国のガイドラインにもとづいて食品の製造業者が微生物試験や理化学試験などの科学的，合理的根拠をもって設定する。その際に，試験などで得られた期間に対し，一定の安全を見込んで，1未満の安全係数をかけて期間を設定することが基本とされている。個々の商品の品質のばらつきや製造段階以降の輸送や販売，消費者

8）農林水産省ウェブサイト「商習慣検討」https://www.maff.go.jp/j/shokusan/recycle/syoku_loss/161227_3.html（2021年6月22日採録）および注1の資料にもとづく。

の保管状況などの付帯環境を考えてこのような安全係数がかけられる。ただし，食品ロスを削減する観点からも，過度に低い安全係数を設定することは望ましくなく，商品の質や付帯環境などの変動が少ないと考えられるものについては，0.8以上を目安とすることが望ましいとされている[9]。

（2）外食産業

外食産業では，つくり過ぎや，店での食べ残しなどによって食品ロスが発生する。

来店客数の見込みが不正確で結果的につくり過ぎたり，売れ残ったりということに加えて，閉店間際でも豊富な商品選択を提供し，品切れによる販売機会ロスを発生させないため，フランチャイズ加盟店に対して，閉店時に一定の廃棄率を達成するようあえて求める事例もある[10]。井出（2016）は，節分や土用など1日だけの行事のためによって生まれる中食食品のロスについて述べている。売上を伸ばすために食品ロスをあえて発生させる販売戦略の見直しが必要になるだろう。

外食店での食べ残しに関して，食べ残し量の割合（食べ残し量／食品使用量（提供量）×100）は，食堂・レストランで3.7%，結婚披露宴で12.2%，宴会で14.2%となっている[11]。外食時の食べ残しに対しては，農林水産省，環境省，および自治体間のネットワークである「全国おいしい食べきり運動ネットワーク協議会」によって「外食時の『おいしい食べきり』全国共同キャンペーン」が展開されており，各自治体の取り組みや作成されたチラシなどの紹介がされている。とくに，宴会での食べ残し量が多いことを受けて，開始後30分および終了10分前に料理を楽

9）消費者庁ウェブサイト「食品表示基準 Q&A」（令和2年3月27日最終改正）https://www.caa.go.jp/policies/policy/food_labeling/food_labeling_act/pdf/food_labeling_cms101_200327_26.pdf（2021年6月22日採録）

10）小林（2015）の第3章参照。

11）農林水産省「平成27年度食品ロス統計調査報告（外食調査）」にもとづく。

しむ「30（さんまる）・10（いちまる）運動」などが進められている[12]。その他にも食べ残しを防ぎ，食べきりを進めるための提供方法の工夫なども事業者を中心に進められている[13]。

このように，食品製造から卸売，小売，外食産業の段階で，国や自治体，事業者などにより食品ロス削減のための多様な取り組みが進められていることがわかる。一方で，それらの優先順位や関連性などはみえづらく，さまざまな取り組みを散発的に行っているようにも見受けられる。この点に対して参考になるのが欧州委員会によるパイロット調査の報告書である（Caldeira et al. 2019）。この報告書では，既存の食品廃棄削減のための91のアクションを収集しカテゴリーに分けたうえで，それらを①アクションの設計の質，②効果，③効率性，④アクションの持続可能性（時間），⑤移転可能性と規模の変更可能性，⑥セクター間の協力，という視点で評価を行っている。このような措置の評価により，実施措置を検証し，必要な改善策や関連性を高める措置を実施することにつなげていくことができるのではないだろうか。

また，日本では，農業段階の食品ロスは食品リサイクル法の対象に含められていない。今後，農業段階の食品ロスの実態の把握や，必要な対策を考えていく必要もあるだろう。

4．家庭での食品廃棄を生み出す消費者行動

（1）家庭における食品ロスの実態

それでは，家庭からの食品ロスについてみていくことにする。家庭での食品ロスは図12 - 3のように理解される。2017年度の推計によると，家庭からの食品廃棄物に占める食品ロスの割合は34.9%であり，その内

12）農林水産省ウェブサイト「おいしい食べきり全国共同キャンペーン」にもとづく。http://www.maff.go.jp/j/shokusan/recycle/syoku_loss/161227_2.html（2021年6月22日採録）

13）注１の資料にもとづく。

図12－3　家庭における食品ロスの範囲

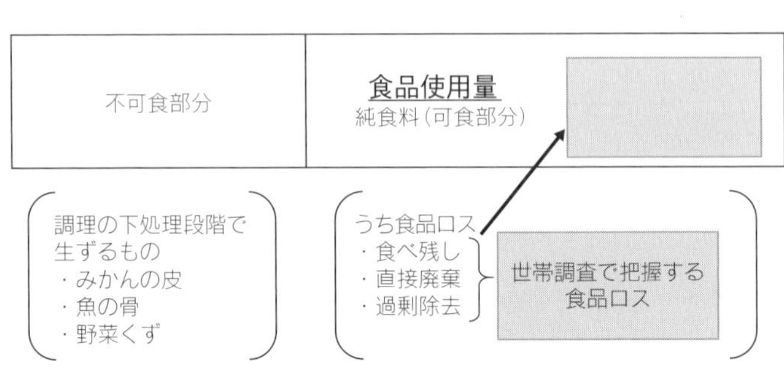

注）下記資料によると，直接廃棄とは「家庭における食事において，賞味期限切れ等により料理の食材又はそのまま食べられる食品として使用・提供されずにそのまま廃棄したもの」である。過剰除去とは「家庭における食事において，調理時にだいこんの皮の厚むきなど，不可食部分を除去する際に過剰に除去した可食部分」であり，日本食品標準成分表の廃棄率を上回る除去をしたもの（油脂類については食料需給表の廃棄率を上回る廃棄をしたもの）とされている。

出所：農林水産省ウェブサイト「食品ロス統計調査の概要」の「世帯調査で把握した食品ロスの範囲（概念図）より一部転載。https://www.maff.go.jp/j/tokei/kouhyou/syokuhin_loss/gaiyou/index.html#11（2021年6月22日採録）

訳は直接廃棄が12.5%，過剰除去は8.3%，食べ残し14.1%となっている[14]。使用した食品量のうち，どの程度の割合が食品ロスとなっているかを，農林水産省の統計をもとにみると，その割合が最も高くなるのは野菜類（8.8%），次に果実類（8.6%），ついで魚介類（5.8%）となっている[15]。

14）三菱UFJリサーチ＆コンサルティング株式会社「平成31年度食品循環資源の再生利用等の促進に関する実施状況調査等業務報告書」令和2年3月より。https://www.e-stat.go.jp/stat-search/file-download?statInfId=000031953059＆fileKind=2（2021年6月22日採録）

15）農林水産省「平成26年度食品ロス統計調査報告（世帯調査）」の「世帯における食品使用量，食品ロス量及び食品ロス率」にもとづく。

（2）消費者の食品廃棄行動に関する研究成果

家計からの食品ロスは，買い物など食材の調達，保存や調理，調理後の食品の管理などさまざまな場面で発生する。

消費者に実際に食品廃棄の記録を付けてもらい，その記録と面接調査などによって，家庭において食品ロスが発生する原因の実態をみた野々村（2014）では，家庭にある食品を積極的に食べ切る姿勢をもつこと，購入前などに家庭の在庫確認をすること，特定の目的や季節性があり，一定期間使用した後に興味の薄れる傾向にある食品についてはとくに注意すること，長持ちする食品でも油断せず計画的に使っていくこと，などが食品ロスを減らすために消費者に求められると述べられている。

また，野々村（2016）は，消費者の冷蔵庫のなかに保存されている食品について，保存か廃棄の判断を実際にしてもらうことで，消費者の食品処分の情報処理プロセスを明らかにした。それにより廃棄される場合には，保存される場合より，理由を積み重ねて廃棄を正当化する決定方略が多く用いられていることがわかった。また，保存する場合は廃棄する場合よりも，保存する条件を１つでも満たしていれば保存をする，という方略がとられ，「とりあえず保存しておこう」という行動がみられた。このことからは，消費者は食品を捨てる際にはためらいがあり，いくつか理由をつみあげてようやく捨てる決心をしていることが伺える。また，ひとまずは保存しておくという行動をとりやすいことを示唆している。ただし，このようにひとまず保存された食品はその時点では廃棄されなくても，後に廃棄される可能性がある。

これらは主に直接廃棄に関する研究である。次に，インタビューや調理行動の観察を通じて，なぜ，消費者が調理ロス（調理の過程で廃棄されたり失われたりする食べられる部分）を生み出すのかを詳しく明らかにしたNonomura（2020）を取り上げる。

調理ロスは，①不必要に除去された部分（廃棄されずに済んだ可能性のある食品と過剰除去に分けられる）と，②意図せずロスとなった食品のかけら・断片（まな板に残ったかけらなど）に分けられている。①については，調理の過程ででる食品ロスへの関心が欠けていたり，皮を薄く剝くなど食品ロスが発生しないように調理する技術が欠けている場合もあるが，そもそも食べられないとみなして除去したり，これまでの習慣にもとづいて除去する場合や，自分や同居者の好み（固い部分を好まない，適さない，など）で除去する場合，食感の悪さや汚れているなどの理由で除去する場合，調理の便利さ（調理の面倒さを避けるために食べられる部分を除去する場合で，葉物の根元の食べられる部分をカットするなど）のために除去する場合などもみられた。

②については，調査の参加者はすべて，まな板，包装，コンテナ，ボウル，フライパンなどに食品のかけらを意図せず残していたこと，残っていた食品に注意を払わなかった参加者もいたことが明らかになっており，調理中の食品ロスにはあまり関心が払われていないことがわかった。

以上，直接廃棄に関する研究成果からは，消費者は食品を捨てることに抵抗感をもち，もったいない，という意識をもっているものの，実際に食べきる気持ちをもったり，食べきる計画を立てたりという行動にまでつながっていないと考えられる。そのため，消費者のもったいないという意識を行動につなげられるような，さらに踏み込んだ情報提供が必要となるのではないだろうか。また，消費者は自分が廃棄している食品量を少なく見積もる傾向があるという国内外での報告例（野々村 2020）からも，自身の廃棄量を意識し，把握することが必要といえる。さらに，調理中の食品ロスに関する研究からは，食べ残しや直接廃棄よりはあまり関心が払われていない可能性が示唆された。そのため，調理中に発生する食品ロスに対して意識を高めたり，調理の工夫によって減らせることに対する情報提供が必要であるといえる。

そして，もったいない，無駄にしたくないという意識を行動につなげたり，調理中の食品ロスを削減するためには，消費者がおかれている環境にも配慮する必要があるだろう。清水（2016）は，食品の保存や調理技術の習得・伝承・日常的な利用には時間が必要であり，「忙しい生活」から大切な「食」に時間を割けるワークライフバランスが重要であると指摘している。廃棄や食品ロスの削減には，消費者の意識や行動に働きかけることに加えて，それを可能にするような働き方や生活のあり方についても考える必要があるだろう。

5．むすび

本章では，食品廃棄や食品ロスの削減のためにどのような施策がなされているかについて，また，食品ロスを生み出す食品産業や消費者の行動について述べ，必要な対応措置を考える手掛かりとした。

食品ロスに対しては，食品企業などからの寄付により，必要としている人や施設などに提供するフードバンクの取り組みや，家庭で発生する余った食べ物などを寄付するフードドライブの取り組みもあり，日本においても普及が進められているところである。現在のように食品ロスが過剰に発生している状況では貴重な取り組みである一方で，そもそもの食品ロスの量を減らすことも重要である。食品ロスの削減につながる根本的な取り組みには，消費者を含めたフードシステムのすべての構成主体の努力と構成主体間の調整が必要となる。

《キーワード》 食品ロス，食品廃棄，発生抑制，再生利用，消費者行動

学習課題

1．農林水産省の「食品ロス統計調査報告（世帯調査）」〈農林水産省のウェブサイトより入手可〉で，食品別の食品ロスの割合を確認してみよう。そのうえで，家庭での食品ロスを減らすためにはどのようなことが必要になるか，本章で学んだことを参考に考えてみよう。
2．環境省のウェブサイト「食品ロスポータルサイト」に掲載されている「食品関連事業者における食品廃棄物等の可食部・不可食部の量の把握等調査（農林水産省委託事業）」〈環境省のウェブサイトで入手可能〉で，食品製造業，食品卸売業，食品小売業，外食産業での食品ロスの発生要因や，削減が可能なもの・困難と考えられているものについて，どのようなことが明らかになっているか，確認してみよう。食品関連事業者からの食品ロスを減らすためにはどのようなことが必要になるか，本章での説明を参考に考えてみよう。

参考・引用文献

・Caldeira, C., V. De Laurentiis and S. Serenella（2019）Assessment of food waste prevention actions―Development of an evaluation framework to assess the performance of food waste prevention actions, Technical Report by Joint Research Center. https://ec.europa.eu/food/system/files/2019-12/fs_eu-actions_eu-platform_jrc-assess-fw.pdf（2021年 6 月22日採録）
・FAO（2011）Global food losses and food waste―Extent, causes and prevention, Rome. http://www.fao.org/3/mb060e/mb060e.pdf（2021年 6 月22日採録）＊
・FUSIONS（2016）Estimates of European food waste levels, Stockholm. http://

www.eu-fusions.org/phocadownload/Publications/Estimates%20of%20European%20food%20waste%20levels.pdf（2021年6月22日採録）
・井出留美（2016）『賞味期限のウソ　食品ロスはなぜ生まれるのか』幻冬舎新書
・小林富雄（2015）『食品ロスの経済学』農林統計出版*
・公益社団法人日本フードスペシャリスト協会編（2008）『新版　食品の消費と流通』建帛社
・野々村真希（2014）「家庭において食品がロスに至った原因」『フードシステム研究』第20巻第4号，361-371頁*
・野々村真希（2016）「食品処分における消費者の情報処理プロセスの解明―発話思考プロトコル分析法を用いて―」『フードシステム研究』第22巻第4号，387-398頁*
・野々村真希（2020）「家庭の食品ロスと消費者―意識・行動の実態と行動変容のための介入―」『廃棄物資源循環学会誌』Vol.31，No.4，253-261頁*
・Nonomura, M.（2020）Reasons for food losses during home preparation, *British Food Journal*, Vol. 122(2), pp.574-585
・清水みゆき（2016）「食品廃棄および食品ロスの実態と今後の課題」『フードシステム学叢書第1巻　現代の食生活と消費行動』農林統計出版*

◎さらに深く学習したい人には，*の図書をお薦めします。

〈コラム〉

世界の食品廃棄

食品廃棄や食品ロスは，世界的に問題となっている。国際連合食糧農業機関（FAO）の報告書「世界の食品ロスと食品廃棄」（FAO 2011）によると，消費向けに生産された食品のおよそ3分の1に当たる13億tが食品ロスとなったり，廃棄されたりしている[16]。品目別に食品ロス・食品廃棄の比率をみると，穀物では30%，乳製品と肉類では20%，水産物では35%，青果物では45%となっている[17]。

16）報告書では，フードチェーンの生産・収穫後・加工段階で生じるものを食品ロスとよび，小売や消費者の段階で生じるものを食品廃棄とよんでいる。
17）FAOのウェブサイトにもとづく。http://www.fao.org/resources/infographics/infographics-details/en/c/317265（2021年7月3日採録）

報告書によると，廃棄される食品は途上国よりも先進国で多い。途上国では，収穫や貯蔵，冷蔵施設，インフラ，包装・販売システムの資金面，管理面，技術面での制約から，収穫後・加工中に発生する食品ロスが多いのに対し，先進国ではとくに，消費者段階での廃棄がかなりの量を占める。不十分な購買計画などの消費者行動や，サプライチェーンのアクター間の調整不足に関連するとされている。定価格でのビュッフェ形式のレストラン，「もう１つ買えば１つ無料」などの小売店でのバーゲン，大き過ぎるサイズでの中食商品の製造なども例にあげられている。

2015年９月には，国連において「われわれの世界を変革する：持続可能な開発のための2030アジェンダ」が採択された。17の目標が設定されているが，その12番目の目標「持続的な消費と生産方式を確保する」のなかの１つに，「2030年までに，小売りと消費者のレベルで１人当たり世界の食品廃棄量を半減させ，収穫後を含む生産・サプライチェーンに沿った食品ロスを削減する」ことがあげられている[18]。

年間8,800万ｔの食品廃棄があるとされるEUにおいても，さまざまな取り組みがなされている。廃棄量の計算方法・正確な推定の試み（FUSIONS2016）もその１つである。食品廃棄の新しい測定法と，2022年に加盟国から得られるデータを用いて，EU全体での食品廃棄削減の法的拘束力をもつ目標を設定することになっている[19]。EUにおいても日本と同様，食品廃棄（日本でいう「食品ロス」）のおよそ半分は家庭から廃棄されている。またウェブサイト上にプラットフォームを設け，加盟国や地域レベルでなされてきた食品廃棄や食品ロスを減らす取り組みや実践を紹介している。2019年には，包括的な取り組みのために必要とされる，農業，食品製造業，小売業，フードサービス，消費者の段階での推奨措置が公表されている[20]。

18）国連のウェブサイトにもとづく。https://sustainabledevelopment.un.org/post2015/transformingourworld（2021年10月９日採録）

19）European Commission（2020）A Farm to Fork Strategy for a fair, healthy and environmentally-friendly food system, COM 381 final.

20）EU Platform on Food Losses and Food Waste（2019）Recommendations for Action in Food Waste Prevention.

13 食生活と健康，食文化

工藤春代

1．はじめに

本章では，フードシステムの川下である「湖・海」に当たる消費者に注目する。私たちの食生活にはどのような特徴があり，この数十年でどのように変化してきたのだろうか。本章では，現在の食生活の特徴を説明することを目的とするが，それに加えて，私たちの食生活がもつ意味についても考えてみたい。毎日何を食べるか，どのような食事を取るかは私たちの健康に影響を与えるだけでなく，将来引き継がれていく食文化にも影響を及ぼす。また，食事やその原材料は，本書でこれまで取り上げてきたフードシステムの構成主体によって生産・製造・流通され，私たちの手元に届く。そのため，私たちの食生活はこれらのフードシステムによって影響を受けると同時に，私たちの食事内容がフードシステムに影響を与えることにもなる。

そこでまず，現在の食生活の特徴をこれまでの変化も踏まえて確認する。続いて，上で述べたような相互作用に注目し，私たちの食生活と健康，フードシステム，食文化との関係について考える。すべての人が満足のいく食生活を持続的に送ることができるためには何が必要になるのか考える手掛かりとしたい。

2．私たちの食生活とその変化

（1）食の外部化比率の推移

食生活は，食事の内容や構成，消費される品目や食事の時間，誰と食べるかなど，さまざまな観点からとらえられる。まずは，「誰がつくったものをどこで食べるか」という視点で食生活を分類する考えにもとづいて，食生活の変化をみてみたい。

この分類は，家庭内で調理したものを家庭で食する場合を「内食」，飲食店など家庭外で食事をする「外食」，出前やテイクアウト，あるいは弁当などを購入して家庭や職場などで食事をする「中食」の３つで食生活をとらえるものである。外食や中食は，家庭内で担われていた食を外部に依存するという意味で，これらが食品全体に占める割合を「食の外部化比率」とよぶ[1]。この外部化比率の推移を示したものが図13‐1である。外部化比率は2008年頃まで増加してきたが，その後停滞気味であ

図13－1　外食率と食の外部化比率の推移

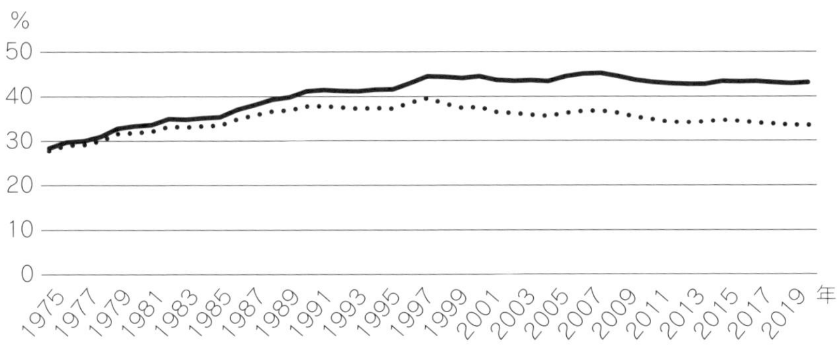

出所：食の安全・安心財団のウェブサイトにもとづいて作成。http://anan-zaidan.or.jp/data/index.html（2021年10月11日採録）

1）高橋（2016）にもとづく。玉木・大浦（2015）においても内食・中食・外食の詳しい分類がなされている。

る。外食率は1997年頃から低下傾向にある一方で，中食はまだ成長が見込まれる市場である。

「内食」「外食」「中食」は，どこで食べるか・誰がつくるかでの分類であり，このような点からも食生活の変化を伺うことができるが，食事の内容や中身はわからない。そこで次に，品目別の消費量の変化と現状をみることとする。

（2）品目別摂取量の変化

ここでは，食料需給表の「1人・1年当たり供給純食料」を用いて供給量をみることで，消費量をとらえることとする。これは輸入量も含めた国内での供給量である。

図13－2　1人・1年当たり供給量の推移

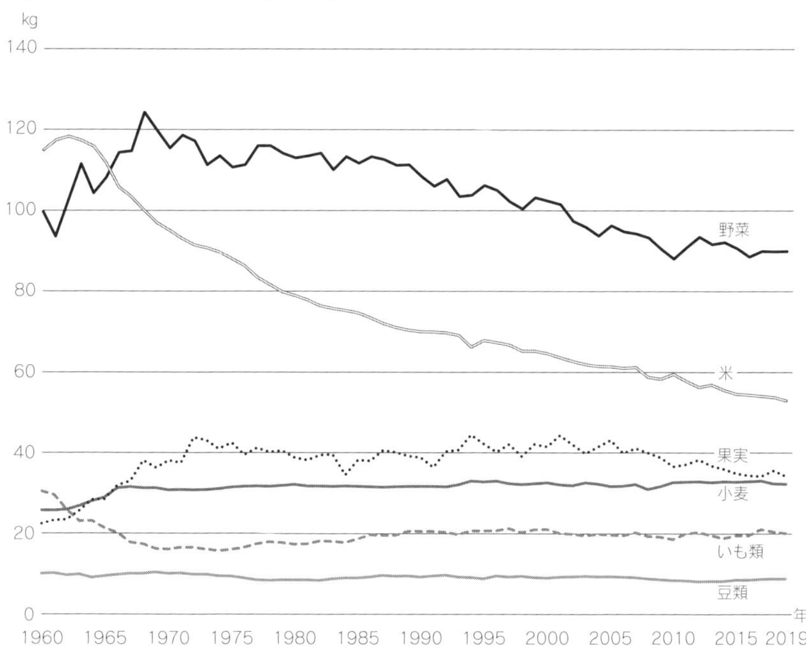

出所：農林水産省「食料需給表」にもとづいて作成。

図13－3　１人・１年当たりの供給量の推移

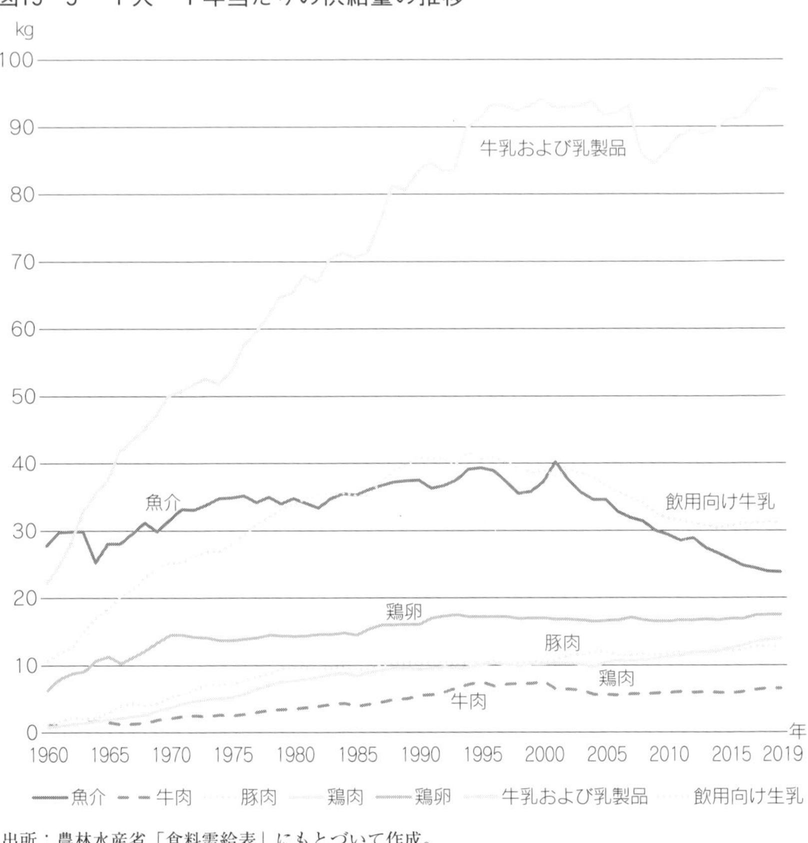

出所：農林水産省「食料需給表」にもとづいて作成。

品目別の１人当たり供給量の推移を示したものが図13－2～図13－4である。最も目覚ましい変化がみられるのは米である（図13－2）。小麦は微増で，いも類・豆類の供給量には大きな変化はみられない。野菜は変動を繰り返しつつも，1970年代以降大きく減少してきた。

動物性たんぱく質（図13－3）をみると，牛肉は1990年代半ばに増加

図13－4　１人・１年当たり供給量の推移

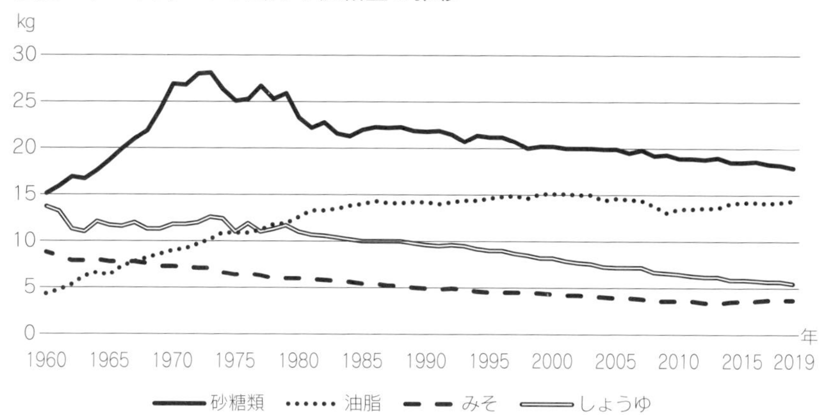

出所：農林水産省「食料需給表」にもとづいて作成。

のピークを迎えている。その後は横ばい傾向であるが，近年わずかに増加している。鶏卵は1990年代半ばまで消費が伸びていたが，その後は横ばいで大きな変化はみられない。一方，豚肉，鶏肉は現在も増加傾向にあるとみられる。魚介類は2000年以降大きく消費量が減少している。チーズやヨーグルトなど乳製品の消費量は大きく増加しているものの，飲用向け生乳は1990年代半ばに消費量のピークを迎え，その後低下傾向にあったが，2010年代前半からわずかながら増加傾向にある。図13－4からは砂糖類は1970年代にピークを迎えた後低下しており，油脂も2000年にはピークを迎えていることがわかる。日本の伝統的な調味料であるみそとしょうゆは低下傾向にある。

このように主要品目の１人・１年当たり供給量に大きな変化がみられない品目がある一方で，米，野菜，果実，魚，牛乳など大幅に減少している品目がある。もちろんこれには高齢化の影響が想定されるが，食事摂取の現状や問題点について考える必要があるのではないだろうか。

図13－5　食事の組み合わせのとらえ方

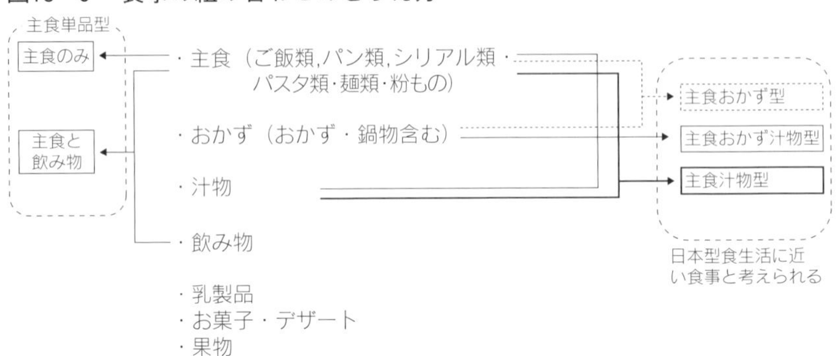

出所：筆者作成。

（3）食事内容調査：組み合わせに着目して

前項では，品目ごとの供給量の変化をみたが，私たちは実際にはそれらの品目を組み合わせて摂取する。主食やおかずなどの組み合わせに着目して，食事内容のパターンを統計的に把握する調査結果を以下に紹介する[2]。インターネット調査を用い，調査日とした１日の朝食，昼食，夕食それぞれについて，食べたものを，12の大分類（ご飯類，パン類，シリアル類，パスタ類・麺類・粉もの，鍋物，汁物，乳製品，お菓子・デザート，果物，サプリメント・栄養補助食品，飲み物，これ以外のおかず）のなかから選択してもらい，選択したものについて詳しい内容を記載してもらった。上述の12の大分類について，図13－5に示したように，ご飯類，パン類，シリアル類，パスタ類・麺類・粉ものをまとめて「主食」とし，鍋物とおかずをまとめて「おかず」とした。これらがどのような組み合わせで食されているかに関する結果の概要を朝食と夕食について示したものが表13－1である。

朝食では欠食率の高さが目立つ。とくに，単身者で高くなっている。

2）以下，工藤他（2017）にもとづいている。

表13－1　朝食・夕食における食事の組み合わせタイプ

（%）

		グループ										グループ平均
		20代男性（単身）	30代男性（単身）	30代男性（子供有）	40代男性（単身）	40代男性（子供有）	20代女性（単身）	30代女性（単身）	30代女性（子供有）	40代女性（単身）	40代女性（子供有）	
朝食組み合わせタイプ	主食おかず汁物型	5.0	4.4	3.7	3.3	7.4	4.9	4.1	7.3	1.7	10.0	5.5
	主食おかず型	6.8	6.0	12.6	3.3	10.1	5.3	8.2	10.6	12.0	20.0	9.6
	主食汁物型	5.5	4.4	5.9	1.1	4.6	5.3	5.2	12.7	2.9	8.5	5.8
	上記３つの組み合わせ計	**17.3**	**14.7**	**22.2**	**7.7**	**22.1**	**15.5**	**17.5**	**30.6**	**16.6**	**38.5**	**20.8**
	主食乳製品型	3.6	9.2	6.7	8.2	8.3	10.2	12.7	15.9	11.4	16.9	10.6
	主食単品型	38.6	31.9	39.3	42.9	42.6	30.1	28.5	32.2	30.3	29.2	34.4
	その他の組み合わせ	6.4	7.2	6.7	6.6	4.6	12.4	12.0	8.2	13.1	7.3	8.4
	欠食	34.1	37.1	25.2	34.6	22.4	31.9	20.2	13.1	28.6	8.1	25.9
合計		100.0	100.0	100.0	100.0	100.0	100.0	100.0	100.0	100.0	100.0	100.0

（%）

		グループ										グループ平均
		20代男性（単身）	30代男性（単身）	30代男性（子供有）	40代男性（単身）	40代男性（子供有）	20代女性（単身）	30代女性（単身）	30代女性（子供有）	40代女性（単身）	40代女性（子供有）	
夕食組み合わせタイプ	主食おかず汁物型	9.1	7.6	20.0	7.1	17.2	9.7	10.0	32.7	16.6	35.4	16.7
	主食おかず型	23.2	21.5	34.1	26.4	30.7	17.7	21.3	27.3	25.7	30.8	25.7
	主食汁物型	3.6	6.4	8.1	4.9	6.7	8.4	6.9	9.0	4.6	6.9	6.6
	上記３つの組み合わせ計	**35.9**	**35.5**	**62.2**	**38.5**	**54.6**	**35.8**	**38.1**	**69.0**	**46.9**	**73.1**	**49.0**
	主食単品型	38.2	48.6	22.2	35.7	27.0	29.2	29.6	19.6	24.0	15.4	29.0
	おかず汁物型	9.1	7.6	10.4	16.5	11.7	15.0	21.6	5.7	14.9	4.6	11.7
	その他の組み合わせ	2.7	3.2	0.7	1.6	0.3	6.2	3.1	1.6	5.7	0.4	2.5
	欠食	14.1	5.2	4.4	7.7	6.4	13.7	7.6	4.1	8.6	6.5	7.8
合計		100.0	100.0	100.0	100.0	100.0	100.0	100.0	100.0	100.0	100.0	100.0

注）回答者は20代の単身男女，30代～40代の単身男女・子どもをもつ男女であり，計2,311名である。

出所：工藤他（2017）より一部修正のうえ転載。

主食のみ，あるいは主食と飲み物のみのタイプを「主食単品型」と名付け（図13－5），その割合をみると，今回対象としたグループの合計平均で34.4%となっている。表には示せなかったが，主食単品型の内容を詳しくみたところ，食パン・クロワッサン，ご飯・おにぎり，菓子パンなど，炭水化物メインの単品で済まされている割合が８割を占めていた。また，主食やおかず，汁物を組み合わせて食事とするパターンとして，「主食おかず汁物型」「主食おかず型」「主食汁物型」があり，この割合はおよそ２割となっていた。

昼食は，表には示していないが欠食率は１割となっている。最も割合の高い主食単品型は全体で半数を占める。これは年代や世帯の構成によって大きな差はない。

夕食では，主食おかず汁物型，主食おかず型，主食汁物型の食事の割合が半数を占めている。ただし，この割合は年代や世帯の構成によって差がみられる。主食単品型は３割近くを占めており，その場合の内容をみると，ご飯・おにぎりが３割，カレー，ラーメンがそれぞれ約１割となっており，夕食においても朝食・昼食と同様，主食単品型で多くみられるのは，ご飯・おにぎりであった。また，主食のない「おかず／汁物型」が１割以上を占めていることにも注目される。

これらの結果からは，かねてより欠食率の高さが指摘されている朝食だけでなく昼食，夕食の欠食も一定割合みられること，そして，食事が取られている場合でも，朝食・夕食で３割，昼食で５割を占めるように主食単品型の割合が高いことがわかった。一方で，比較的栄養バランスがよいと考えられる主食，おかず，汁物の組み合わせパターンが，朝食で２割，昼食では３割，夕食では５割となっていた。ただし，年代や世帯構成によってこの割合は大きく異なっている。

なお，これらは朝食・昼食・夕食それぞれの組み合わせパターンをみたものであるが，１日の食事をどのような組み合わせパターンで構成しているか，つまり，３食を通してどのようなパターンがみられるかを示したものが表13‐２である[3]。表13‐２からは３食とも「主食単品型」から成る構成（朝食・昼食が「主食単品型」，夕食が「主食＋おかず／汁

３）Kito et al.（2020）にもとづく。

表13－2　1日を通した食事の組み合わせパターン

(%)

朝食・昼食・夕食のパターンの構成			グループ										グループ平均
朝食	昼食	夕食	20代男性(単身)	30代男性(単身)	30代男性(子供有)	40代男性(単身)	40代男性(子供有)	20代女性(単身)	30代女性(単身)	30代女性(子供有)	40代女性(単身)	40代女性(子供有)	
主食単品型	主食単品型	主食＋おかず／汁物型	5.5	4.0	12.6	8.2	10.1	6.2	5.2	13.9	5.1	10.4	8.0
主食単品型	主食単品型	主食単品型	13.2	11.2	6.7	12.6	9.8	4.4	5.5	5.7	5.1	6.2	8.0
主食＋おかず／汁物型	主食単品型	主食＋おかず／汁物型	4.5	2.8	8.1	1.6	5.8	3.5	2.1	12.2	1.7	15.0	5.9
欠食	主食単品型	主食単品型	9.5	13.5	4.4	7.1	4.9	5.8	5.5	1.2	4.0	1.2	5.7
主食＋おかず／汁物型	主食＋おかず／汁物型	主食＋おかず／汁物型	3.6	2.0	10.4	0.5	7.4	3.5	4.1	5.7	6.3	12.7	5.6
主食単品型	主食＋おかず／汁物型	主食＋おかず／汁物型	3.2	3.6	8.9	3.8	11.0	1.8	4.5	5.3	3.4	4.2	5.1
欠食	主食単品型	主食＋おかず／汁物型	6.8	5.2	4.4	6.6	6.1	2.2	2.1	6.5	6.3	2.7	4.8
主食＋その他型	主食単品型	主食＋おかず／汁物型	2.3	3.2	1.5	2.7	2.5	2.2	2.7	6.5	2.9	10.4	3.9
主食＋その他型	主食＋おかず／汁物型	主食＋おかず／汁物型	0.5	3.2	3.7	1.1	2.8	1.8	3.4	5.7	1.7	8.5	3.4
欠食	主食＋おかず／汁物型	主食＋おかず／汁物型	2.7	3.6	3.0	4.9	2.5	4.9	3.4	1.6	2.9	1.2	3.0

注）図13－5の「主食おかず型」「主食おかず汁物型」「主食汁物型」を合わせて，「主食＋おかず／汁物型」とし，「主食単品型」「主食＋その他型」「おかず／汁物型」「その他」「欠食」の6つのパターンに分類した。朝・昼・夜の3食では216通りの組み合わせが考えられるが，そのうち回答者全体の上位10位の構成を示したものとなる。

出所：Kito et al.（2020）より一部転載。

物型」とともに）が最も多く，朝食が欠食，昼食・夕食ともに「主食単品型」である構成が第4位となっていることがわかる。これらから，1日を通してみた場合でも簡略化された食事ばかりを取る集団が一定割合存在することがわかる。このような1日の組み合わせパターンは栄養摂取の不足や偏りにつながる可能性がある。一方，第3位，第5位，第6位には比較的栄養バランスのとりやすいと考えられる構成があらわれている。性別・年代・世帯のグループによって，３食の組み合わせパターンに差があることもわかる。ここで紹介した研究結果は，20代から40代に重点を置いたものであるが，50代以降の年代の食生活も含めたさらなる実態調査が必要となる。

3．食生活と健康，フードシステムおよび食文化

以下，健康，フードシステム，食文化と食生活の相互作用を意識しながら，順にみていくこととする。

(1) 健康への影響

まず，エネルギー摂取量に着目して，健康状態の現状を確認する。2019年の「国民健康・栄養調査」(厚生労働省）によると１人１日当たりのエネルギー摂取量は1,903kcal となっている。20代以上でみると，20代～50代の男性，20～40代の女性のエネルギー摂取量は，身体活動レベルⅠ（低い）[4]の場合の推定エネルギー必要量を下回っている。また，やせ[5]の者の割合は，男性3.9%，女性11.5%であり，なかでも20歳代の女性のやせの割合は，20.7%となっている。一方，肥満者の割合は男性33.0%，女性22.3%である。男性全体では肥満の割合が高い一方で，比較的若い世代ではエネルギー摂取量は低くなっている。第２節で，朝食だけでなく昼食，夕食でも欠食がみられることを確認したが，とくに若い世代での欠食率の高さが影響しているのかもしれない。女性では，とくに若い世代でのやせが問題となっているが，30代，40代のエネルギー摂取量も低くなっている。また，65歳以上では，16.8%が低栄養傾向

4）厚生労働省ホームページ「日本人の食事摂取基準（2015年版）の概要」にもとづく。http://www.mhlw.go.jp/file/04-Houdouhappyou-10904750-Kenkoukyoku-Gantaisakukenkouzoushinka/0000041955.pdf（2021年６月22日採録）

5）やせとは BMI<18.5kg/m^2 を指す。一方肥満は BMI≧25kg/m^2 の場合となる。

（BMI が20以下）にある[6]。このように性別や年代によってあらわれる健康上の問題は異なっており，性別・年齢別の問題に応じた対応措置が必要である。

食事内容は健康に影響を与えるので，食品や栄養の摂取状況にどのような要因が影響を与えるかについては大きな関心がもたれている。例えば，清原他（2018）では，世帯の経済力や教育歴によって食品摂取や栄養摂取に差があることを明らかにしており，経済力があるほど，栄養素ではエネルギー，総脂質，総タンパク質，ナトリウム，コレステロール，ビタミンAの摂取量，食品群では，野菜類，果実類，肉類，嗜好飲料類の摂取量が多いことが示された。また，教育歴が長いと，栄養素ではタンパク質，総脂質の摂取量，食品群では野菜類，果実類，乳類の摂取量が多いという結果となった。

食事の選択のように個人の選択と思われているものも，個人がおかれている環境により影響を受けることから，引き続きこの点に関する研究が求められる。健康に関する格差の拡大を食い止めるためにも，明らかになっている知見にもとづいて有効な介入措置を検討する必要があるだろう。

（2）食生活とフードシステムの関係・相互作用

私たちの食生活は，フードシステムの各段階にどのような影響を及ぼすのだろうか。逆に，フードシステムのあり方が私たちの食生活に影響を及ぼしてもいる。以下一部であるが，その関係について考えてみたい。

食事の原料の購入先について考えると，小売店のなかでもスーパーマーケットで購入される割合が高くなっている。食肉，青果物，水産物などの専門小売店は，品物を卸売市場から仕入れることが多いのに対し

6）厚生労働省「国民健康・栄養調査」（令和元年）にもとづく。

て，とくにチェーン展開しているスーパーマーケットは，産地との直接契約などによって青果物などを調達することがある。そのため，全国展開しているスーパーマーケットでの購入割合の増加は，卸売市場を通さない流通である市場外流通を増加させることにもつながる。

一方，消費者が食料品小売店にどの程度アクセスしやすいかは私たちの食生活に大きな影響を与える[7]。このような食料品アクセス問題については，多くの研究成果が公表されており，徒歩で無理なく買い物に行ける範囲として，店舗まで500mを設定し，買い物が困難である人口や世帯数を推計した食料品アクセスマップの作成や，実態把握が行われている（高橋他 2020）。高橋他（2020）によると，買い物困難人口は2015年で824万６千人とされ，2005年と比べると全国で21.6%増加している。とくに，後期高齢者および都市部でアクセス困難人口が大幅に増加していることが明らかにされている。また，岩間（2018）は，日本人が健康的な食生活を送るうえで最低限必要であると考えられる食品群のリストを作成し，これらの食品リストと実際の店舗の品ぞろえを比較して食料品充足率を算出したうえで，食料品マップを作成し，食料品アクセスの測定方法の改良を行っている。さらに，食料品アクセスと健康・栄養摂取との関連を分析した菊島（2020）などの研究もあり，アクセス困難者は，炭水化物摂取へ偏った食生活を送っている可能性が高いことが推察されるとしている。このように食環境が私たちの食生活や健康に影響を及ぼしている。

次に，農業段階との関連をみてみよう。第２節でみたような外部化比率の増加（つまり中食・外食への支出の増加）は，家庭で調理される食

7）厚生労働省の「健康づくりのための食環境整備に関する検討会報告書（平成16年３月)」では，フードシステムの各段階での社会経済活動・相互関係の整備を行い，人々がより健康的な食物入手がしやすい環境を整えるという，食物へのアクセスの整備と，地域社会・国全体で，すべての人が健康や栄養・食生活に関する正しい情報を的確に得られる状況をつくるという，情報へのアクセスの整備を統合して行うことが重要とされている。

料，つまり食費に占める小売店での生鮮食品の購入の割合を減らすことになる。業者や店によって違いがあるため一概にはいえないが，加工食品や外食産業では一般的に食材の原料を輸入に頼る割合が高いため，外部化比率の増加は国産品の割合低下にも影響を及ぼしうる。

（3）食文化との関係

何をどのように食べるかは，私たちが受け継いできた食文化に影響を受けていると同時に，現在食べているものが将来の食文化を形づくっていくことになる。食文化は広い概念であり，例えば，「生産，食材，調理はもちろん，嗜好と栄養，食事行動，食べる道具と場など，食に関するすべての文化を含む人類共通の概念である」[8]との定義がある。食文化をどのようにとらえ，これらがどのように引き継がれまた変容するかについては，いっそうの研究が求められるところである。ここでは，日本の食文化として和食について考えてみたい。

和食には，①多様で新鮮な食材とその持ち味の尊重，②健康的な食生活を支える栄養バランス，③自然の美しさや季節の移ろいの表現，④正月などの年中行事との密接なかかわり，の4つの特徴があるとされており[9]，2013年には和食がユネスコ無形文化遺産に登録された。農林水産省では食育推進基本計画で目標値を設定するなど，和食文化の保護や継承に関する取り組みが進められている。

しかし，和食に関しては以下のような課題が残されている。Ueda and Niiyama（2019）は，和食を含め10以上の登録された食遺産について包括的な反省的議論が必要とされているなかで，和食に関してはそのような本格的な動きがみられないことから，議論のための基礎材料を提供している。上述した和食の4つの特徴は，懐石料理を中心とする日本料理

8）食文化研究推進懇談会（2005）「日本食文化の推進～日本ブランドの担い手～」にもとづく。

9）農林水産省ウェブサイトにもとづく。https://www.maff.go.jp/j/keikaku/syokubunka/ich/（2021年6月22日採録）

の登録を念頭において，最初に提出されたものであるが，ユネスコ無形文化遺産登録の趣旨は人々の社会慣習の継承にあることから，登録された最終定義では内容が大きく変更されたこと，しかも，最終定義の内容を分析すると，登録された和食が日常・非日常の慣習のどちらを指すのかあいまいである点や，和食の要素とされる社会慣習の説明が不十分である点など，検証の必要のある点が示されている。また，和食は伝統的な食文化であるとされているが，伝統性についても史実とあわせながら検証されるべき点があると指摘している。

和食と健康に関しては，問題を指摘する研究者もいる。和食は健康によいとのイメージで和食の普及が進められているものの，実は，日本食と健康に関する栄養疫学的な研究はあまりなされておらず，学術的根拠にもとづいたプロモーションとなっていないという問題がある（畝山 2020，佐々木 2015）。これまで多くの研究がされてきており，健康的な食生活として定評のある地中海食や，近年研究成果が多くだされている北欧食とは異なる状況であるとされている。

4．むすび

以上本章では，外部化比率の推移や品目別消費量の変化から，食生活の変化を確認した。そのうえで，現在の食事がどのようなものかについて，組み合わせパターンにもとづいて明らかにした研究成果を紹介した。また私たちの食生活は，自身の健康に影響を与えるだけでなく，他のフードシステムの段階や食文化などと相互作用をもつことをみた。

毎日の食事内容は，個人的な影響をもつにとどまらず，フードシステムのあり方にも影響を与える。また，何を食べるかは個人の選択であると同時に，その選択は社会的な要素からも影響を受けている。そのため，納得のいく食事選択につながるような環境整備が重要になる。現在の食生活に関するコミュニケーションにおいては，個人の意識に働きかけ，個人の行動を変容させるための情報提供に重点があると考えられる。その場合にも，個人個人の食事構成の決定の背景を踏まえて，納得のいく，採用しやすい改善方法を提言する必要がある。さらには，食生活が健康や社会，環境に及ぼす影響を考えると，例えば産業全体でわずかずつ食品に含まれる食塩量を減らすイギリスの減塩対策などに代表される，佐々木（2015）のいう「社会へのアプローチ」という視点も必要になるだろう。

《キーワード》 食の外部化，食事組み合わせ，栄養と健康，食文化・伝統

学習課題

1．インターネットで総務省統計局の家計調査を探して，食料支出の項目（穀類，魚介類，肉類，乳卵類，野菜・海草，果物，油脂・調味料，菓子類，調理食品，飲料，酒類，外食）ごとに，この数十年の推移を図表にまとめてみよう。
2．上記の結果と本章の内容をもとに，その変化の背景を考えてみよう。

参考・引用文献

・岩間信之・今井具子・田中耕市・浅川達人・佐々木緑・駒木伸比古・池田真志（2018）「食料品充足率を加味した食料品アクセスマップの開発」『フードシステ

ム研究』第25巻第3巻，81-94頁
・菊島良介（2020）「国民健康・栄養調査からみた食料品アクセス問題—栄養および食品摂取の代替・補完関係に着目して—」高橋克也編著『食料品アクセス問題と食料消費，健康・栄養』筑波書房*
・Kito, Y., H. Kudo and Y. Niiyama（2020）Association Between Dietary Patterns and Attitudes Toward Meals by Gender, Age, and Household Type in Japan: Using Multiple Correspondence Analysis,『フードシステム研究』第27巻第1号，2-16頁
・清原昭子・福井充・山口道利・上田由貴子（2018）「世帯における社会経済的要因と食物摂取および栄養摂取状況，健康状態の関連」『厚生の指標』第65巻第11号，8-15頁
・工藤春代・鬼頭弥生・新山陽子（2017）「食事内容に関する実態調査—組み合わせパターンに着目して—」『農業経済研究』第88巻第4号，410-415頁
・松下圭貴（2013）『学校給食—食育の期待と食の不安のはざまで—』岩波ブックレット
・佐々木敏（2015）『佐々木敏の栄養データはこう読む！疫学研究から読み解くぶれない食べ方』女子栄養大学出版部*
・高橋克也・薬師寺哲郎・池川真理亜（2020）「新たな食料品アクセスマップの推計と動向—『平成27年国勢調査』を反映した推計—」高橋克也編著『食料品アクセス問題と食料消費，健康・栄養』筑波書房*
・高橋正郎監修（2016）『食料経済：フードシステムからみた食料問題』オーム社
・玉木志穂・大浦裕二（2015）「わが国における中食の消費特性に関する一考察」『フードシステム研究』第22巻3号，219-224頁
・Ueda, H. and Y. Niiyama（2019）Articulating Challenges in Defining Japanese Washoku and French Gastronomy: Comparative Analysis of Inscribed Definitions and their Safeguarding Measures,『フードシステム研究』第26巻第3号，144-164頁
・畝山智香子（2020）『食品添加物はなぜ嫌われるのか—食品情報を「正しく」読み解くリテラシー—』株式会社化学同人

◎さらに深く学習したい人には，*の図書をお薦めします。

〈コラム〉

学校給食と食育

学校給食は子供たちの食事や食育に重要な役割を果たしている。現在，学校給食はどのような仕組みで運営され，どのような点に配慮した取り組みが進められているのだろうか。

学校給食を取り巻く社会の状況や要求は大きく変わっている。2004年に定められた「栄養教諭制度」や2005年の食育基本法を受けて，2008年には「学校給食法」が改定され，食育に力を入れる方向へ転換してきた。学校給食法は，学校給食を「教育の目的を実現するため」と位置付けており，学校給食の実施を促し実施する場合の指針などを定めてはいるが，学校給食の実施を義務付けてはいない[10]。平成30年度文部科学省「学校給食実施状況調査」によると，国公私立の小学校では学校数でみた場合の給食実施率が99.1%，中学校では89.9%となっている。

学校給食には，学校の敷地内に給食調理場がありそこで調理する自校方式と，いくつかの学校の給食をまとめて調理し，配送車で各学校に届けるセンター方式がある。その他にも，この２つの方式の折衷的な方式である親子方式や外注弁当方式もある。1970年代前半までは，学校給食の主食は基本的にパンなどの小麦製品であり，米飯給食が正式に実施されたのは1976年のことである[11]。文部科学省により米飯給食の実施が推進されており，平成30年の文部科学省「米飯給食実施状況調査」によると，完全給食を実施している小中学校のすべてで米飯給食が実施されており，週当たりの平均実施回数は3.5回となっている。

学校給食の内容を充実させていく方向性については，食育基本法にもとづいて制定される「食育推進基本計画」（現在は平成28年から平成32年までの第３次計画）においても述べられている。基本計画において，学校給食は，児童の健康にとって必要であるとともに，「食事について理解を深め，望ましい食習慣を養うなど実体験にもとづく継続的な指導を展開することができる重要な手段」とされている。

10）以上，松下（2013）にもとづく。
11）以上，松下（2013）にもとづく。

14 食料の貿易と日本農業，日本の食

関根佳恵

1．はじめに

今日の日本は，飽食の時代を謳歌している。食料品店では世界中から集まった食材が売られ，食卓には多彩な国の料理がならぶ。しかし，その背後では食料自給率の低下や，国内の農業基盤の脆弱化といった問題が拡大している。2013年12月にユネスコの世界無形文化遺産に登録された和食の多くも，実は外国産の食材からつくられている。例えば，寿司のネタの多くは外国産であり，讃岐うどんの原料小麦のほとんどは輸入品である。

戦後，日本は諸外国とともに貿易自由化を進めてきたが，この流れのなかで日本の農業や食には，どのような問題が生じているのだろうか。また，貿易自由化への対応として，どのような動向がみいだされるだろうか。本章では，食料自給率，農業経営環境の変化，輸出戦略，地産地消などに注目しながら，検討していきたい。以下では，第 2 節で戦後の貿易政策の変遷，第 3 節で国内農業への影響，第 4 節で貿易自由化への対応策について述べる。

2．戦後の貿易政策の展開と農業・食料

（1）戦後復興期の農業・食料事情

第二次世界大戦後，日本では戦争による国内農地の荒廃と旧植民地の

喪失に加え，退役軍人や引揚者の帰国による人口増加が重なり，深刻な食料不足が発生した（暉峻 2003）。これを解消するために，占領政策のもとで，戦前から続く食糧管理制度を維持しながら農地改革が実施され，食料増産がめざされた（第2章参照）。しかし，食料事情はただちには改善せず，日本はアメリカの余剰農産物を援助物資として受け入れることで，食料危機を回避した。

戦後から1950年代初頭までの貿易は，占領軍による管理下におかれ，対外貿易は厳しく制限された（奥田 2011）。とくに，1945〜47年は占領軍によって貿易が全面的に管理され，その大部分がアメリカとの間で行われている。この時期，食料品の輸入額は輸入額全体の過半を占めた。その後，1947年にマーシャルプランが発表され，日本の占領政策の目的が非軍事化からアジアの反共拠点として経済発展を促す方向に転換されると，制限付きではあったが民間貿易が再開される。1949年にはドッジ・ラインによって1ドル＝360円の為替レートが導入され，1952年にはIMF（国際通貨基金）に加盟するなど，国際貿易に本格的に復帰するための制度が整えられた。

こうして，日本は国際貿易の表舞台に復帰していったが，この時期に日本が受け入れたアメリカからの援助物資は，その後の日本人の食生活に大きな影響を与えた。学校給食では援助物資の小麦粉でつくられたパンや脱脂粉乳が提供され，全国に拡大したパン食は食の洋風化と食料輸入の拡大の契機になった。

（2）GATT・WTO 体制とプラザ合意

戦前のブロック経済体制への反省に立ち，1947年に発足したGATT（関税及び貿易に関する一般協定）は，1995年にWTO（世界貿易機関）として発展的に改組されるまで，およそ半世紀にわたり世界各国の貿易

図14－1　日本の品目別食料自給率（重量ベース）（2018年）

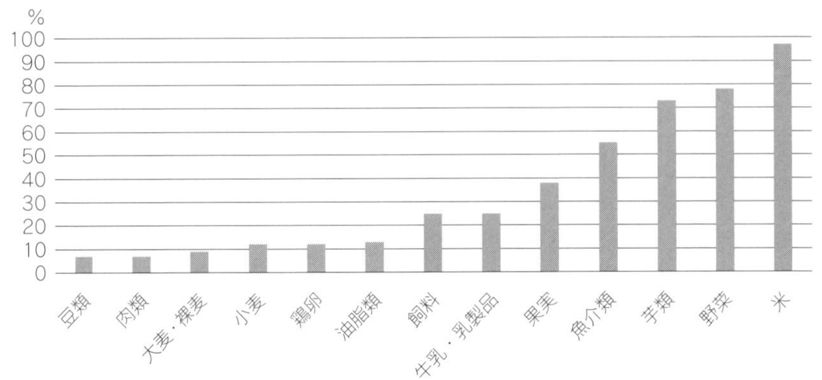

注）肉類，牛乳・乳製品，鶏卵は飼料自給率を反映している。
出所：農林水産省「食料自給率の推移」（2019年）より作成。

自由化において主要な役割を果たした。日本は1955年にGATTへ，1964年にOECD（経済協力開発機構）へ加盟し，国際経済体制に本格的に参画する条件を整える。そして，1950年代半ばから70年代初頭にかけて高度経済成長期を経験し，工業製品を積極的に海外に輸出するとともに，農産物の貿易自由化を進めた。ここでいう貿易自由化とは，輸入割り当ての撤廃や関税率の引き下げ，非関税障壁の見直しを指す。

このようななかで，1961年に制定された農業基本法のもとでは，農家世帯と工業部門の勤労者世帯の所得格差（農工間所得格差）の是正，そのための農業構造の改善（経営規模の拡大と効率化）を通じた日本農業の合理化と近代化，酪農，畜産および野菜・果物といった特定の農産物生産の選択的拡大がめざされた。他方で，麦やトウモロコシ，大豆，菜種などは輸入を促進するかたちで選択的縮小の道をたどったのである。こうした政策を反映しているのが，穀物，油糧作物，飼料および畜産物の自給率の際立った低さである（図14－1）。

1970年代初頭のブレトン・ウッズ体制の崩壊と変動為替相場制への移行[1]，２度の石油危機（1973・79年）を経て，日本を含む主要先進国は低成長期へと移行した。同時に，経済政策ではケインズ主義にかわって，新自由主義（ネオ・リベラリズム）が台頭した（暉峻 2003)。公的部門の民営化，規制緩和，貿易自由化が促進されるなかで，日本の農業や食の現場も大きな影響を受けることになる。この時期，アメリカは双子の赤字（経常赤字・財政赤字）を積み増し，とくに対日貿易赤字が急増したことから，日米貿易摩擦問題は深刻化した。この緊張を和らげるために，日本は自ら積極的に内需主導型へ経済構造を再編するとともに，1985年のプラザ合意でいっそうの円高ドル安[2]を受け入れた。強い円は，日本の輸出産業にとって打撃となっただけでなく，海外から安価な農産物・食品の輸入が激増する要因にもなった（図14－２)。これに

図14－2　日本の農産物輸入額の増加と食料自給率の低下

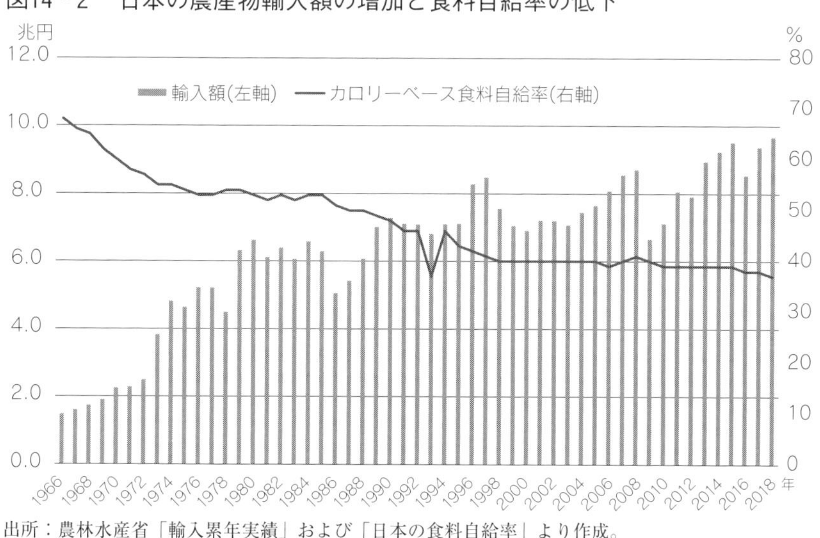

出所：農林水産省「輸入累年実績」および「日本の食料自給率」より作成。

1）これにより，円相場は１ドル＝272円（1973年）から227円（1980年）に上昇した。
2）これにより，円相場は１ドル＝145円（1990年）から94円（1995年）に上昇した。

ともない食料自給率は低下の一途をたどっている。

GATTの加盟国は，合計8次の多角的貿易自由化交渉を重ねたが，とくに農産物の関税化やその引き下げ，非関税障壁の緩和による貿易自由化が主要な議題になったのが，GATTウルグアイ・ラウンド（UR）（1986～94年）である。長期にわたって交渉されたGATT・URでは，主要先進国の農業予算の膨張と過剰農産物の在庫問題，および国際市場を歪曲するとされる輸出補助金や農産物の価格支持政策の削減などが議論された。結局，GATT・UR合意（1994年）には，それまで公共性の高さから例外扱いされてきた食料の貿易自由化においても，GATT原則の適用を拡大し，国内・域内農業の保護政策を大幅に見直すことが盛り込まれた。

この流れのなかで，日本でも農産物の価格支持から農業生産者の所得支持へと政策転換が図られた。さらに，基本法農政（第15章第2節参照）のもとで選択的拡大がめざされてきた畜産と果実の部門においても，1991年に牛肉・オレンジの輸入が自由化され，1999年には主食の米がついに自由化された。新たな時代に対応するために，政府は食糧法（1995年）と食料・農業・農村基本法（1999年）を制定し，新自由主義的グローバル化時代の国内農業政策へと衣替えを急いだ。このなかで重視されているのは，政府介入の削減と市場原理適用範囲の拡大である。

UR合意を受けて決定されたWTO（世界貿易機関）の発足（1995年）により，各国の多角的貿易自由化交渉の舞台はWTO交渉へと移行した。ここでは，物品の貿易ルールのみならず，サービス貿易や地理的表示制度を含む知的財産をめぐるルールについても議論されており，新たに紛争解決制度や合意事項の履行監視機能も設けられた。2016年以降，WTOの加盟国は164カ国を数え，世界最大の貿易自由化交渉の場となっている。しかし，WTOは発足直後の交渉であったドーハ・ラウンド（2001年～）で早くもつまずくことになった。先進国と新興国，発展途上国の間で，また，農産物輸出国と輸入国の間で意見の相違が表面化し，2008年の交渉決裂以降，膠着状態に陥ったためである。2015年12月に開催されたWTO閣僚会議においても部分合意しか達成できなかったため，WTOの求心力は低下が否めない状況にある。

（3）二国間協定と広域経済連携の台頭

多角的貿易自由化交渉が暗礁に乗り上げるなか，急速に増えているのが二国間や複数国間の自由貿易協定（FTA）や経済連携協定（EPA）[3]である。1955年には世界でEC（欧州共同体）の１件のみであったが，NAFTA（北米自由貿易協定）が発効した1990年代には37件になり，さらに2020年には483件にのぼっている[4]。この潮流のなかで，日本もすでに24カ国・地域と21件のEPAを締結しており，さらに中国・韓国，トルコ，コロンビアと交渉中である（図14－３）。二国間交渉では，多角的交渉に比べて交渉国が自国の重要品目に対する例外規定を設置しやすく，短期間で合意に至ることができるため，各国はWTO交渉から二国間交渉に通商政策の軸足を移してきた。アメリカやEU，日本のような市場規模の大きな国・地域の間で協定が締結されることにより，実質的に貿易自由化の深化を図っていこうとしているのである。

近年の大型協定としては，TPP11（環太平洋経済連携協定）（2018年発効）や日EU・EPA（2019年発効），日米貿易協定・日米デジタル貿易協定（2020年発効），RCEP（東アジア地域包括的経済連携協定）（2020年署名）などがある。協定発効・署名済みの国・地域との貿易額は，日本の貿易額全体の79％（2020年）[5]を占めており，経済的結びつきが強

３）FTAが財・サービスの貿易協定であるのに対して，EPAはそれに加えてより幅広い市場制度や経済活動を交渉の対象としている。WTOの交渉などでは，FTAとEPAを合わせてRTA（地域貿易協定）とよんでいる。

４）経済産業省「通商白書2020」（2020年）。

５）財務省「貿易統計」（2020年）。

図14－3　日本の経済連携協定（EPA）の締結・交渉の状況（2020年）

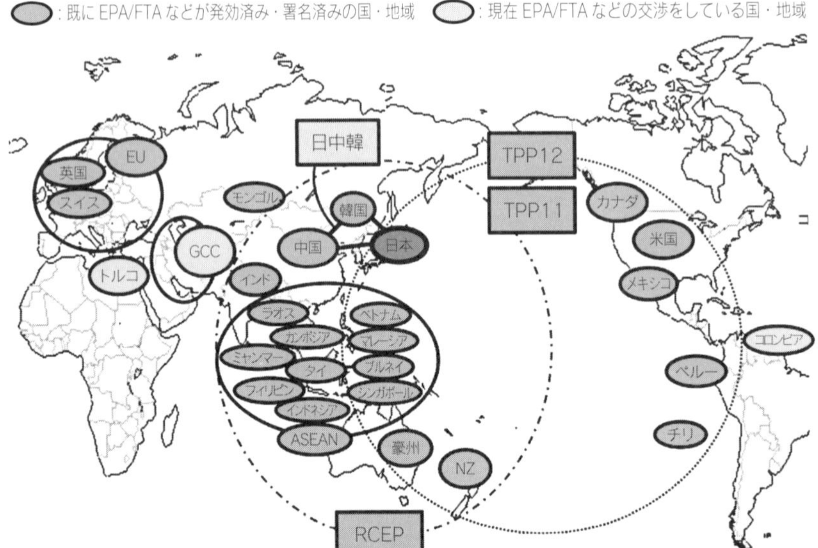

注）GCCは湾岸協力理事会（Gulf Cooperation Council）（アラブ首長国連邦，バーレーン，サウジアラビア，オマーン，カタール，クウェート），米国とは日米貿易協定・日米デジタル貿易協定を締結。英国は2020年にEUを離脱した。
出所：外務省（2020）「我が国の経済連携協定（EPA）の取組」より転載。

まっている。

しかし，こうした流れとその国民生活および農業・食料分野への影響をめぐっては，国を二分する賛否両論が展開されている。とくに，TPPやRCEPは，FTAAP（アジア太平洋自由貿易圏）の実現に向けた試金石とされ，高水準の財サービスの貿易自由化と非関税分野（投資，競争，知的財産，政府調達など），新分野（環境，労働，分野横断的事項など）について包括的合意がなされている。しかし，交渉過程をめぐってはその不透明性に批判が相次いだ。また，政府試算による国内農業への影響評価をめぐっては，その手法や評価結果，およびそれをもとにした対策案に疑問が呈されている（鈴木 2016，東山 2017）。

（４）貿易自由化の指標と対応政策

貿易交渉の場では，どのように関税の削減が議論されるのだろうか。貿易対象品目のうち一般品目については，関税率の高さに応じて階層を設定し，高関税の品目ほど大きく関税を削減する「階層方式」で交渉が行われる（加賀爪 2017）。これに対し，日本にとっての米や畜産物，酪農製品のような重要品目については，低関税で輸入する数量（関税割当）を増やしながら，関税率の削減幅は一般品目より抑制することが容認される。WTO や EPA の農業交渉においては，関税の引き下げ幅とともに重要品目の数や関税割当の拡大幅が主要な論点となる。

また，国内農業の支持政策も重要な交渉対象である。WTO 交渉では，農業政策を黄色の政策（即時撤廃を要求される価格支持政策など），青の政策（一定の追加的措置をともなえば経過的に認められる特殊な不足払い政策など），緑の政策（今後も継続可能な所得補償政策など）に分類している。これらの農業補助金と国境措置（関税や輸入数量割当など）から消費者負担を AMS（助成量合計）として算出し，その削減目標について議論される（飯國 2017）。

こうした議論において，日本は AMS が高く保護貿易主義的だと諸外国から批判されることが少なくない。しかし，鈴木・木下（2017）は，日本の平均関税率は11.7%，野菜は３%と主要農産物輸出国よりも低い水準であり，重要品目の割合も１割にとどまっている点を指摘している。また，貿易交渉では狭義の経済的利益しか指標化されておらず，農業による正の外部効果の損失による社会的影響が正当に評価される仕組みを構築する必要がある。

3．貿易自由化と国内農業・食料への影響

（1）農業経営環境の悪化と農村の変容

日本は貿易自由化を進めることで，自動車や半導体，家電製品の輸出を伸ばし，1990年代以降は海外資本投資も活発化させている。しかし，その陰で国内の農業と食の現場では，さまざまな危機が表面化している。図14 - 4に示されているように，農業総産出額は1984年（11兆7千億円）をピークに減少し，生産農業所得は1978年（5兆4千億円）以降，減少を続けている。農業総産出額に占める生産農業所得の割合は，1955年に統計を取り始めて以降，減少傾向にある。これは，農業経営が農業機械や農薬・化学肥料，改良品種といった農場外の資源への依存度を高めていったことや，資源・飼料価格の国際的高騰，フード・システムにおけるパワーバランスの不均衡がもたらした結果でもある。し

図14 - 4　生産農業所得の推移（1955～2018年）

出所：農林水産省「生産農業所得統計」累年統計より作成。

かし，貿易自由化にともなう輸入農産物・食料の増加とそれによる国産農産物・食料の需要抑制や価格引き下げ圧力の影響は無視できないだろう。とくに，1990年代以降は，農業総産出額と生産農業所得の双方が一貫して低落している点に注目したい。これは，牛肉・オレンジの輸入自由化（1991年）やGATT・UR合意（1994年），それにともなう国内農業政策の転換の時期と重なっている。

さらに，WTO体制のもとで再編された農業政策では，直接支払いによる農業生産者の所得補償が行われているが，その水準はEU諸国に比べて低水準にとどまっている。その結果，農業経営を継承する若い世代の担い手が減少しており，農業生産者の高齢化は世界に類をみない水準となっている。2019年の農業就業人口の平均年齢は66.8歳，高齢化率は70.2%に達した[6]。2000年に約390万人だった農業就業者数は，2019年には168万1千人に減少している[7]。このように，農業経営の再生産が困難に直面しているといわざるをえない。その結果，耕作放棄地は富山県の面積に匹敵する42万3千ha（2015年）まで拡大している。さらに，農村地域の基幹産業である農林水産業の低迷は，農村人口全体の減少や高齢化，過疎化にも拍車をかけ，集落で共同体としての自治や冠婚葬祭などを行うことができない「限界集落」が全国各地で増加している。人口が少なくなった農山村では，シカやイノシシ，サル，クマといった野生生物の生息域が拡大し，農作物の食害などの鳥獣害が深刻化している。鳥獣害被害額は対策により減少傾向にあるとはいえ，年間158億円（2019年）に及ぶ（農林水産省）。

（2）食料自給率の低下と食料主権の危機

輸入農産物・食料の増加は，消費者にも影響を及ぼしている。図14-2に示したように，日本の食料輸入額は右肩上がりで増加するととも

6）農林水産省「農業労働力に関する統計」。
7）農林水産省「農業構造動態調査」。

図14－5　主要国の食料自給率（2017年）

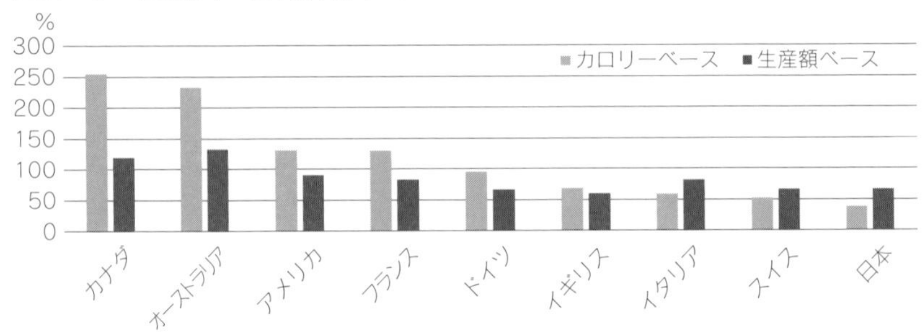

出所：農林水産省の試算による。

に，食料自給率（カロリーベース）はそれに反比例して低下してきた。現代日本の飽食は，海外で生産された農産物・食品に支えられており，日本はOECD加盟国のなかでも最も食料自給率が低い純食料輸入国の１つになっている（図14－5）。国内で消費される食料を国内生産でまかなえないということは，気候危機や市場環境の変化，政治的・軍事的緊張の高まりなどによって農産物・食料の輸入が急激に減少・停止する事態が生じれば，日本は食料難に直面する可能性があることを意味している。貿易自由化が進展した今日，そのような懸念は杞憂だとする楽観論もあるが，地球温暖化による干ばつや洪水，高温障害が毎年のように報告され，世界に紛争が絶えない状況や，食料不足時に食料輸出禁止措置をとる国がある事実を踏まえ，危機感を抱く人は増えている。また，食料主権の観点からも，食料自給率の低下は問題視されている。

さらに，農業には食料生産だけではなく，国土保全や環境の維持，美しい景観の提供や雇用創出，地域コミュニティの活性化，和食や祭りなどの文化伝承など，多面的な役割が期待されている。このような農業の多面的機能が今後も発揮されるような農業・食料政策を実施することが課題である。その実現が難しい場合，貿易自由化にともなう社会的コストは誰がどのように支払うことになるのだろうか。

4．むすび：貿易自由化に対する2つの道

現在まで，貿易自由化の流れはもはやくつがえせない時代の潮流であると考えられ，貿易自由化が各国民にもたらす利益は疑いようがないと考えられてきた。しかし，急速な貿易自由化や規制緩和，民営化，市場原理の適用による所得格差の拡大が指摘されており，社会の分断が深まっている（ピケティ 2014）。そのことは，米国のTPP離脱（2017年）やNAFTAの見直し（2018年），イギリスのEU離脱（2020年）にも表れている。2020年に国連人権理事会の食料の権利に関する特別報告（中間報告）は，これまでの貿易政策が食料安全保障，気候変動対策，人権上の懸念などに有効な結果を残せなかったと批判し，WTO農業協定の段階的廃止と食料への権利にもとづく新たな国際的食料協定への移行を提案した（関根 2021）。気候危機や新型コロナウィルス禍を受けて，過去30年余りにわたって支配的であった新自由主義的価値観が大きく見直されつつある。21世紀の世界がどこに向かうのか，今後の貿易自由化交渉がどのような様相を呈するのか，私たちは注意深く見守る必要がある。

そのようななかで，日本政府は貿易自由化の推進を堅持している。そのために推進しているのが，国産農産物・食品の海外輸出を年間5兆円にまで伸ばす政策である（目標2030年）。和食が世界無形文化遺産に登録されたことを追い風に，海外の和食ブームに乗って日本ブランドの高品質な農産物や食品を海外に売り込もうとしている。2015年にはEU型の地理的表示法（特定農林水産物等の名称の保護に関する法律）を施行し，海外産品との差別化と知的財産保護を強化している。しかし，海外

市場に輸出できる農業生産者や食品加工業は，全体の一部にとどまると見込まれ，国際市場での競争や為替相場の変動，海外需要の変化によって経営の不安定性を高めるリスクも慎重に考慮しなければならないだろう。

貿易自由化の波に乗って積極的に食料輸出に乗り出そうとする政府に対して，これとは異なる貿易自由化への対応を模索している人たちがいる。海外市場への輸出をめざすのではなく，国内市場や地元市場に対して，新鮮かつ安全で高品質な農産物・食料を提供する道を追求する動きである。国内でも輸入農産物との市場競争とは無縁ではないため，輸送距離の短さで環境負荷低減を表すフードマイレージの低減，その土地固有の伝統品種や生産方法の伝承，里山保全による生物多様性や国土保全機能の維持，生産者と消費者をつなぐ食農教育の実施などにより，国内の農業・食料生産が存続することに対して，消費者が社会的正当性を認知するような取り組みも求められている。

《キーワード》 貿易政策，食料自給率，食料主権，農業の多面的機能

学習課題

1．日本は工業製品を輸出して外貨を稼ぎ，安い食料を海外から輸入した方がよいのだろうか。「農業の多面的機能」と「食料主権」をキーワードに，考えてみよう。
2．貿易自由化と食料主権は両立するだろうか。戦後の貿易自由化と食料自給率の低下，および海外における飢餓問題を考慮しながら考えてみよう。

参考・引用文献

・東山寛（2017）「TPP 合意内容の検証と農政運動の課題」小林国之編著『北海道から農協改革を問う』筑波書房
・飯國芳明（2017）「国際化時代の農政」小池恒男・新山陽子・秋津元輝編『キーワードで読みとく現代農業と食料・環境』昭和堂，84-85頁
・加賀爪優（2017）「WTO 体制と日本農業」小池恒男・新山陽子・秋津元輝編『キーワードで読みとく現代農業と食料・環境』昭和堂，34-35頁
・奥田和義（2011）「戦時・戦後復興期の日本貿易―1937～1955年」『関西大学商学論集』第56巻第3号，17-40頁
・ピケティ＝トマ著，山形浩生・守岡桜・森本正史訳（2014）『21世紀の資本』みすず書房*
・関根佳恵（2021）「日本の小規模・家族農業政策はどこに向かうのか？―EU との比較から―」『農業と経済』第87巻第3号，81-88頁*
・鈴木宣弘（2016）「農業への影響を軽微とした政府試算の論理破綻」『農業と経済』第82巻第6号，31-43頁
・鈴木宣弘・木下順子（2017）「日本の農産物輸入と日本農業の将来像」小池恒男・新山陽子・秋津元輝編『キーワードで読みとく現代農業と食料・環境』昭和堂，10-11頁
・暉峻衆三編（2003）『日本農業の150年―1850年～2000年―』有斐閣*

◎さらに深く学習したい人には，＊の図書をお薦めします。

〈コラム〉

ミニマム・アクセス米（MA米）

日本は，米需要が低下し生産調整を奨励しているにもかかわらず，なぜ，海外からミニマム・アクセス米（MA米）を輸入しているのだろうか。GATT・UR交渉合意の際，日本は米の関税化をしない代わりに，ミニマム・アクセス（最低輸入機会）に上乗せするかたちで，1995年からMA米を輸入している。1999年の米関税化（関税割当）後は，MA米の輸入量は抑制されたが，それでも年間約77万t（玄米重量）が輸入されている（2016年）[8]。1995～2015年の間に輸入されたMA米（合計1,425万t）は，加工用（30.5%），飼料用（30.2%），援助用（22.0%），主食用（9.5%），在庫用（5.1%）に仕向けられた。その貿易は，国内の輸入業者とMA米の購入を希望している実需者との間に国が介在する国家貿易として行われ，その一部は，SBS（売買同時契約）輸入方式とよばれる方法で取引される。国と輸入業者，実需者が特別売買契約を交わして，国がMA米の買い入れと売り渡しを同時に行う。MA米の輸入は無税であるが，国はマークアップを徴収しており，無関税の輸入枠（MA米）を超えて輸入される外国産米に対しては枠外税率（341円／kg）が課税されている。

8）農林水産省（2016）「輸入米に関する調査結果について」農林水産省，1-23頁。

15 世界の農業・食料の制度と政策

新山陽子・工藤春代・関根佳恵

1. はじめに

本テキストの各章では，フードシステムの全体を視野に入れ，人々の生命と健康を支えるフードシステムの持続を可能にする関係者の共存という視点から，課題をとらえてきた。

農業は，植物や動物という生命体を育成し，天候や気象の影響を強く受ける生命産業であることから，本質的な技術上の制約があり，農業経営体の規模にも制約が生まれる。また，地域資源を利用することから地域の自然環境や地域社会と密接な関係をもつため，企業形態は人的な信用基礎の範囲にとどまることをみた。そのような経営体からなる農業が，他の段階の資本的信用基礎が導入された規模の大きい経営体を含む産業との間で，経済的なバランスがとれるようにするためには，政策的，制度的な調整が重要である。

そこにはとくに，本質的な技術上の制約のハンディキャップを埋め，所得を確保する政策が求められる。また，生産要素を調達し，生産物を販売する市場の条件，とくに価格が経営に大きな影響を与えるが，それを寡占的な産業でない農業の個々の経営体が動かせるものではない。そのため，国の政策と制度により，交渉力のバランスの確保を含む，市場の条件を整えることが重要であることを指摘した。

さらに，食品安全のように，すべての市民の健康を保護するために，すべての食品に要請される，市場と価格による調整に委ねられない課題があり，この場合は，公的な制度を整え，そのもとで事業者や消費者が行動できるようにすることが必要なことをみてきた。

テキストの最後となる本章では，政策に焦点を絞り，欧州（EU：欧州連合）やアメリカ（アメリカ合衆国）の動向をとらえ，視野を広げておきたい。第2節では農業政策を取り上げ，第3節では公正取引にかかる市場政策を，第4節では食品安全政策を取り上げる。

2．日欧米の農業政策の特徴：所得保障政策に注目して

（1）農業政策の目的と法律

EUでは，1962年以降，共通農業政策（CAP）とその予算にもとづいて，加盟国が農業政策を実施している[1]。その目的は，農業生産者の生活水準の保護，食料の安定供給，気候変動対策と持続可能な自然資源管理，農村地域と景観の維持，農業と関連産業の雇用創出による農村経済の維持である。そのために所得保障政策，市場介入措置，農村開発が講じられており，予算（579億8千万€，2019年）のそれぞれ71%，4%，24%が配分されている。

CAPが必要な理由として，EUは農業が他産業と大きく異なるためとしている。すなわち，農業生産者は食料と多面的機能（環境保全や生物多様性の維持など）という公共財を提供しているにもかかわらず，他産業と比べて40%所得が低く，天候や気候変動の影響を直接的に受け，より長期の時間を生産性向上のために必要とする。不確実性の高い事業環境のもとで，環境負荷を低減しながら生産性を向上するために，CAPの必要性が正当化されている。なかでも所得保障政策は，生産者の所得を安定化し，市場では報酬を得にくい環境・国土保全などに対して報い

1）European Commission, The common agricultural policy at a glance.（https://ec.europa.eu/info/food-farming-fisheries/key-policies/common-agricultural-policy/cap-glance_en）（2021年2月24日採録）予算は，通常7年間の多年次財政枠組みが採用されている。

るための措置として重視されている。

EUでは約1,084万の農業経営体があり，96.2%が家族経営である(EUROSTAT，2013年)。また，経営耕地面積5 ha未満の経営体数が全体の66%を占め，50ha以上の経営体数は7%に過ぎない。CAPの運用は加盟国による裁量もあるため一様ではないが，制度の主な対象は中小規模の家族経営となっている。CAPとその予算は，EU委員会が策定し，欧州議会とEU理事会の協議を経て執行される。

アメリカでは，5年間の時限立法である農業法とその予算にもとづいて，農業政策が実施される。2021年現在は，2018年農業法（2019～23年）により，作物別の所得保障，環境・国土保全，貿易（食料援助を含む)，栄養，融資，農村開発，研究，森林，エネルギー，園芸，保険などの各種プログラムを用意している[2]。とくに，所得保障政策については，天候不順などによる農業生産者の経済的損失を補うためのセーフティネットを，市場を歪曲したり補助金の無駄を生じさせたりしないかたちで提供することを，その目的と位置づけている(USDA 2018)。2019年の所得保障（直接支払い）の予算は，224億5千万＄であった。

アメリカでは約200万の農業経営体があり，98.7%が家族経営である(2015年，USDA)。また，全経営体数に対して小規模家族経営（農家総所得35万＄未満）は89.7%，中小規模家族経営（同35以上100万＄未満）は5.5%，大規模家族経営（100万＄以上）は2.7%，非家族経営（主たる農業従事者やその家族が多数株所有者でない農場）は2.1%を占める(USDA 2019)。農業法とその予算は上下両院の議会で制定され，政府(農務省）がその執行に当たる（服部 2020)。

日本では，食料・農業・農村基本法（1999年施行）にもとづいて，5年毎に策定される食料・農業・農村基本計画のもとで農業政策が執り行われる。同基本法は，食料の安定供給，多面的機能の発揮，農業の持続

2）USDA, Farm Bill.（https://www.usda.gov/farmbill)（2021年2月24日採録)

的発展，農村の振興，水産業・林業への配慮を目的とし，関連施策を実施するための国や地方自治体などの責務を定めている。2021年現在は，第５期の基本計画（2020～24年）が実施されている。所得保障政策としては，米・畑作物のための「農業の担い手に対する経営安定のための交付金の交付に関する法律」(2016年）をはじめ，「農業の有する多面的機能の発揮の促進に関する法律」(2014年)，「畜産経営の安定に関する法律」(1961年)，「肉用子牛生産安定等特別措置法」(1988年)，「野菜生産出荷安定法」(1966年）が根拠法となっている。「農業の担い手に対する経営安定のための交付金の交付に関する法律」では，国内外の生産条件の格差補正と農業収入の減少による影響緩和を通じて農業経営の安定を図り，国民に食料を安定供給することが目的とされる。

日本では約107万５千の農業経営体があり，96.4％が個人経営，2.9％が株式会社や農事組合法人などの団体経営体である（2020年「農林業センサス」)。経営耕地面積の規模でみると，１ha 未満の経営体数が全体に占める割合は52.6％，５ha 未満の場合は90.4％となる。日本では，基本法は衆参両院の国会で制定されるが，基本計画は農林水産省とその審議会が策定したものを閣議決定する。その他の所得保障政策にかかわる法律は，農林水産省が法案を策定し，国会で審議したうえで制定される。

（２）所得保障政策

EU の CAP（2014～20年）における所得保障政策（直接支払い）は，所得支持だけが目的ではなく，多様な支払い目的を設けることで農業の転換を促す仕組みになっている（平澤 2019)。例えば，すべての加盟国に設置が義務付けられる基礎支払いでは，最低限の環境保全策を要件としており，所得保障と環境保全型農業の推進を同時に行う仕組みになっている。また，加盟国の裁量によって中小農場への上乗せ支援，特定品目への支援，条件不利地域への支援，小規模農業者への支援などを実施することができる。

さらに，これとは別に収入減少を補填する制度として，加入者の掛け金とEUの助成が財源となる農業向けの保険と共済があり，気象災害や病害虫に対応している。さらに，2014年から農業生産者の所得保障を目的とした所得安定化共済も登場した。これは，農業生産者の所得（収入から生産費を指し引いたもの）が3割以上下落した場合，7割未満を補填する制度である。

アメリカの2018年農業法にもとづく各種の所得保障政策では，第一に，小麦，トウモロコシ，大豆，米，落花生を対象とした不足払い制度として，価格損失補償（PLC）と収入保障（ARC）がある（服部 2020）。第二に，小麦，大麦，トウモロコシ，大豆，綿花，米，ソルガムなどを対象とした政府の販売支援融資（マーケティングローン）があり，事実上の価格支持を通じた経営安定政策となっている。第三に，同様の品目に対する追加補填として，市場損失支払いを発動できる（安達・鈴木 2020）。第四に，酪農に対しては，生産者の掛け金を必要とする酪農マージン保障計画（DMC）が用意されている（服部 2020）。第五に，土壌保全，水質改善，野生生物の生息環境維持のための保全留保計画（CRP）もある。第六に，農業保険を補完する補完的収入保険（CSO）がある（成田 2017）。これは，PLCを受給する生産者のみ加入できる保険で，保険料の35%が生産者負担である。

日本の経営所得安定対策としては，第一に，畑作物（麦，大豆，テンサイ，ナタネ，ソバ，バレイショ）に対しては，国内外の価格差を是正する直接支払交付金（通称「ゲタ対策」）がある（農林水産省 2020）。この制度では，生産者が財源の25%を負担し，作付面積と生産量を組み合わせた支払額が支払われる。第二に，米・畑作物（麦，大豆，テンサイ，バレイショ）が標準的収入額を下回った場合に，差額の9割を補塡する収入減少影響緩和交付金（通称「ナラシ対策」）がある。これも生産者が財源の25%を拠出するセーフティネット対策である。第三に，水田に作付けされる麦，大豆，飼料作物，稲 WCS（ホールクロップサイレージ），加工用米，飼料用米，米粉用米に対しては，水田のフル活用を図る水田活用の直接支払交付金がある。これらは戦略作物として，作物ごとに設定された交付単価に応じて支払いが行われる。以上，3つの経営所得安定対策の受給に農業経営体の規模要件は課されないが，認定農業者，集落営農，認定新規就農者であることが求められる。第四に，この他に日本型直接支払制度として，多面的機能支払，中山間地域等直接支払，環境保全型農業直接支払がある。第五に，すべての農産物に対して，自然災害による収量減少や価格低下などによる収入減少を補償する収入保険制度がある。これも生産者が財源の25%を負担するもので，一般の農業共済，ゲタ・ナラシ対策，野菜価格安定制度，畜産経営安定対策（通称「マルキン」）との併用はできない。

日米欧の所得保障政策は，いずれも政府による直接支払いを中心とした制度に，共済・保険を組み合わせるという共通性がある。異なる点としては，第一に，農業所得に占める補助金の割合は，アメリカ35.2%，日本39.1%に対して，EU 加盟国のイギリス90.5%，フランス94.7%（2013年）となっており，EU の方が保障水準が高い（鈴木・木下 2017）。また，アメリカは生産費をカバーする所得保障を実施しており，内外価格差の補塡や市場価格の平準化にとどまる日本よりも高い水準の支援を実施している。第二に，欧米は原則として全生産者を政策の対象としているのに対して，日本は認定農業者・集落営農・認定新規就農者（米の場合，全体の6割）に限定している。第三に，欧米は収入保険を除いて所得保障の財源の全額を政府が負担するのに対して，日本は生産者が財源の4分の1を負担しなければならない。第四に，アメリカの所得保障政策は，WTOが禁止する輸出補助金として機能することができ，意図的に導入・発動されている可能性が指摘されている（安達・鈴木 2020）。第五に，政府による農産物の買い入れ（市場介入）は，日本では備蓄米（100万t）に限定されているのに対して，欧米では上限なく買い支えたり，市場から隔離したりできる。以上のことから，一括りに所得保障政策といっても国・地域によってその内容や支援の水準は大きく異なっていることがわかる。

3．公正取引と交渉力の均衡のための市場政策

フードシステムを構成する各段階の市場において，取引を行う産業間の交渉力のバランスがとれているかどうか，公正な取引がなされているかどうかについて，欧州では大きな関心がもたれ対策がとられている[3]。EUの政策執行機関である欧州委員会（European Commission）の動きとフランスやイギリスの取り組みをみておきたい。

欧州においてこの対応の発端となったのは，2000年代初めの激しい価格乱高下であった。2000年以降，消費者家計の窮迫もあり，小売の寡占化のなかで，オランダ，イギリス，ドイツなどを中心に破壊的な価格競争が進んだ。その後一転して，国際的な穀物価格や石油価格の上昇により，2007年後半から製造コストが上昇し，食品価格が著しく上昇した。

価格上昇は先の第4章でみたように，生産要素費用の上昇分が幾分かずつ製品価格に伝達された結果であるが，欧州では生産要素価格が落ち着いた後，農産物価格は低下した一方，食品価格が下がらないという問題が生じた。欧州委員会は，小売企業が不公正な利益を得て，農業生産者と消費者が不利益を被ったと判断し，生産者の苦難と消費者の公平感

3）この節は，主に新山（2011），酪農乳業分野については新山他（2014）にもとづく。

への配慮，フードチェーンのよりよい機能について，2008年，2009年の2度にわたり以下のようなコミュニケーションペーパーをだして対応をよびかけた。

2009年文書（CEC 2009）では，フードチェーン関係者が市場ベースで持続的な関係を高めるうえで，交渉力の不均衡は，規模は小さいが効率的な事業者の利益，製品品質や工程改革への投資の意欲を減じるとし，フードチェーンの市場モニタリングの実施を決め，以下の課題を提示した。①すべての事業者の間の不公正な取引実践を除去するために，取引行為に関する情報交換，関係者の共同作業による標準取引の設定を行う。「欧州競争ネットワーク（ECN）」において，不公正な取引実践の評価とよき行為の情報交換を行う。また，②農産物流通市場の透明性を改善するため，「欧州食品価格モニタリング」を敢行する。さらに，③フードチェーンの競争性を助長するために，自発的な生産者グループを設立し，牛乳を手始めに，農業セクターの再構成と集中を促進し，農業食料セクターの競争性を改善する。そのために，ハイレベル専門家グループを設置する。加えて，④政策イニシアチブを改善する。以降，この提案にもとづく取り組みが進められてきた。

欧州競争法（独占禁止法）には，農業分野への適用除外措置が設けられている。「農産物の共通市場組織規則」においても同様の条項があり，認可された生産者組織による生産者の共同行動を競争法の適用から除外することが定められており，近年この措置が強化されてきている。いずれも，共通農業政策の目的に沿うこと，競争が妨げられないことを前提としている。

フランス政府は，2010年「農業近代化法」のなかで，農業生産者と買付業者の取引について取引量と価格形成方式を明文化することを義務付け，公正取引委員会のもとに「食品の価格・マージン形成監視機関」

（行政諮問機関）を設置して，市場の監視に乗り出した。2011年以降，農産物の生産者価格，輸入価格，食品の卸売価格や小売価格を調査し，定期的に公表している。

フランスでは，さらに，農業・食品関係者を集めた食料全体会議の議論を経て，2018年に「Egalim 法」（「農業および食料分野の商業関係の均衡と健康的で持続可能で誰もが利用可能な食料のための法律」）[4]が制定された。このなかで，生産者と購買者との間の契約書に，生産原価，価格とその推移を記載することを求めた。これによって，価格決定の際，生産原価への考慮を促そうとした。この指標の作成には，職業間組織などが当たっている。品目により，効果に違いがあるようであるが，生乳については酪農・乳業の専門職業間連合組織であるCNIELが指標の作成に当たり，小売側から一定の考慮が得られたとみられている。フランスの酪農分野では，農協経由の出荷が約5割であり，新たに設立された生産者組織による交渉が約4割を占める。

イギリスでは，2013年に「食料雑貨審判法」[5]が定められ，「食料雑貨供給規範（the Groceries Supply Code of Practice）」の実施を，食料雑貨コード審判事務所が奨励・監視する仕組みが設けられた。この規範はイギリス最大級のスーパーマーケットが供給者を公正に扱うことを保証することにある。規範は，2002年のスーパーマーケット規範（非法制）を発展させたものであり，「食料雑貨市場調査令2009」に定められ，年間食料品売上高が10億￡を超えるすべての小売業者が対象とされる。2016年1月にTescoに関する報告が公表され，支払い遅延の違反があったこと，商品スペースのよい位置取りや配分についても，競争に悪影響を与える資金を得ている懸念があり，さらなる情報入手と協議を行うことが示され，Tescoからはコンプライアンスプログラムの改善が通知されたとしている（GCA 2016）。

4）*La loi n° 2018-938 pour l'équilibre des relations commerciales dans le secteur agricole et alimentaire et une alimentation saine, durable et accessible à tous.*

5）*Groceries Code Adjudicator Act,* 2013.

EU の酪農乳業分野では，共通農業政策の見直しによって，2015年までに段階的に各加盟国の生乳生産枠割当制が廃止された。その過程の2008〜09年に生乳生産者価格が大幅下落し，飼料価格高騰が加わり酪農危機に陥った。対策のために，牛乳に関する専門家会議（High Level Expert Group on Milk）が提出した勧告にもとづいて，2012年に「ミルクパッケージ規則」[6]が公布された。規則は，①生産者と乳業メーカーの取引契約を文書にする，②認可された生産者組織・協会が交渉の代表権をもち交渉力を強化する，③生産者・加工業者・流通業者からなる業種間組織（Inter-branch organizations）を設立・認可し，生乳価格，生産量，契約期間の統計データを公表して，生産・市場の透明性確保などに当たることなどを定めた（詳細は新山他 2014）。ただし，加盟国の実情の違いを考慮して，実施は任意とされた。

ミルクパッケージ規則の提案を受けて，フランスでは2012年に法令を定め，生乳の購買者に対して，価格決定方法，契約期間，契約の改定・解約などに関する契約文書の生産者への提示を義務づけた（2010年「農業・漁業近代化法」にもとづく）。生産者組織を設けて交渉に当たることはその後になった。

イギリスでは，酪農業界と環境・食料・農村省が，公正取引に関するボランタリーコード[7]を独自に作成し，取引価格の決定方式として条件が明確で価格の予想がつくフォーミュラ・プライシングの導入，契約の解約条件を明示することを定めた。

以上のように，欧州では，市場における公正取引と農業者の市場交渉力の改善について，法制度上の措置が進んでいるが，日本では第４章でみたように独占禁止法は強化されているものの，欧州のように農業・食品分野の政策として取り組まれてはおらず今後の大きな課題だと考えら

6）*Regulation (EU) No 261/2012 of the European-Parliament and of the Council of 14 March 2012 amending Council Regulation (EC) No 1234/2007 as regards contractual relations in the milk and milk products sector.*

7）*Code of best practice on contractual relationships.*

れる。

4．食品安全問題への対応

これまでみてきたような，持続的な食料生産が可能となるような政策措置が必要となると同時に，安全な食品の供給を可能にするための措置も不可欠である。第11章では，食品の安全確保のための原則について説明したが，それらが満たされるためにはどのような政策や制度が必要になるだろうか。欧米における食品の安全確保の仕組みを紹介しながら，日本に残されている課題について検討したい。

EU は，BSE 問題をはじめとする食品危機を受けて，1990年代後半から食品安全システムの改革を進めてきた。リスク管理機能が，欧州委員会の健康・食品安全総局に一元化され，「食品安全白書」によって食品安全改革の原則・指針と工程表が示された。それにもとづき，食品・飼料に関する法律の一般原則と要件を定める一般食品法（規則 No. 178／2002）が制定され，リスク評価を行う欧州食品安全庁が設置された。これまでに，食品・飼料の衛生や表示，動物衛生などに関する多くの法律が一般食品法の原則に従って再編・改正されてきた。法律の実施と実施の監視を担当するのは各加盟国となるが，その原則は EU 共通で定められており，リスクベースで行われなければならない。対象は，食品安全だけでなく，表示など食品に関連するすべての法や，飼料，動物・植物衛生に関する法の実施の検証が含まれる。また，欧州委員会の健康・食品安全総局による，各国の監視システムの監査も行われる。

農業段階も含め食品事業者には，一般衛生管理の要件が義務づけられており，農業段階以降の食品事業者には2006年から HACCP システムの導入と実施が求められている[8]。HACCP の実施に当たっては，部門ご

8）一般衛生管理や HACCP については第11章参照。

とに専門職業組織が作成したガイドラインが重要な役割を果たしており，実効性をともなった政策の実施に専門職業組織が果たす役割が大きいといえる。また，問題や事故が発生した場合の回収や原因究明に役立つ，食品・飼料のトレーサビリティをフードチェーン全体で確保するため，食品事業者には入荷先と供給先の記録が義務づけられている。

アメリカでは，日本や欧州とは異なり，BSE 問題を契機として食品安全行政システムの抜本的な再編は行われていない。リスクアナリシスは，リスク評価，管理，コミュニケーションのチームを設置して実施され，機能的に分離されている[9]。食品のリスク管理には複数の連邦機関が権限をもつ。とくに，食肉・家禽肉・卵製品を担当する農務省の食品安全検査局（FSIS）と，その他のすべての食品を担当する保健福祉省の食品医薬品局（FDA）が重要な役割を果たしている。品目によってリスク管理の担当機関が分かれているものの，担当機関によりフードチェーンを通しての管理がされる。ただし，政府説明責任局（GAO）は，数度にわたって分断化された食品安全システムの不備を指摘しており，見直しを求めている。

2011年１月には，70年以上の歴史において最も全面的な食品安全法改革とされる食品安全近代化法が成立した。この法律では，①予防管理の強化，②リスクベースの公的検査，効率的・効果的な検査アプローチ，③輸入食品の安全確保，④義務的なリコールの権限，⑤連邦・州・地方や海外などの関連機関とのパートナーシップの強化，の５つが重要な要素とされている[10]。①の予防管理の強化に関して，食品施設への危害分

9）FDA（2002）Initiation and Conduct of All ‘Major’ Risk Assessments within a Risk Analysis Framework.（https://www.fda.gov/food/cfsan-risk-safety-assessments/initiation-and-conduct-all-major-risk-assessments-within-risk-analysis-framework#parti）（2021年２月24日採録）

10）FDA（2011）Food Safety Legislation Key Facts.（http://wayback.archive-it.org/7993/20170111192604/http://www.fda.gov/Food/GuidanceRegulation/FSMA/ucm237934.htm）（2021年２月24日採録）

析およびリスクにもとづいた予防管理措置が義務付けられ，HACCP にもとづいたアプローチが導入されている。また，食品施設に対してはすでに一般衛生管理が義務づけられているが[11]，食品安全近代化法によって農場段階での一般衛生管理基準に当たる青果物の生産・収穫基準なども義務付けられた。トレーサビリティについてはバイオテロ法によって，食品施設に対し食品の受け取りと発送の記録が義務付けられ[12]，さらに食品安全近代化法により，高リスク食品に対する記録の作成・維持が求められている[13]。

日本におけるリスクアナリシスの導入と担当機関については第11章で説明した通りである。ただし，農場段階（農林水産省）と農場段階以降（厚生労働省）でリスク管理の担当機関が分かれており，両省によるリスク管理の標準手順書の共同での策定などの取り組みがあるものの，フードチェーンを通した統合的な安全・衛生管理にはまだ課題があるのが現状である。

食品事業者が実施すべき予防措置の規制に関してみると，2018年の食品衛生法改正により農業段階以降の食品事業者に対しては，一般衛生管理と HACCP 原則を取り入れた衛生管理が義務付けられた。ただし，一次生産段階については，一般衛生管理の多くの項目はガイドラインや指針により実施が進められている。トレーサビリティに関しては，牛・牛肉および米・一部の米製品に対しては義務化されているものの，その他

11）FDA, Current Good Manufacturing Practices（CGMPs）for Food and Dietary Supplements. https://www.fda.gov/food/guidanceregulation/cgmp/（2021年 2 月24日採録）

12）詳しくは食品需給研究センター（2012）「食品のトレーサビリティにかかわる諸外国の制度調査報告書」を参照。（http://www.maff.go.jp/j/syouan/seisaku/trace/pdf/h23itaku-gaikoku-seido.pdf）（2021年 2 月24日採録）

13）農林水産省ウェブサイト「米国による食品トレーサビリティ規則案について」。https://www.maff.go.jp/j/shokusan/export/fsma_traceability.html（2021年 2 月24日採録）

の食品に対しては義務付けられていない[14]。ただし農林水産省において実践的なマニュアルが策定されており，普及が進められている。

5．むすび

本章では，3つの政策領域を取り上げて紹介した。しかし，世界では持続可能性の観点から，環境負荷削減のための緑の政策（Green Deal），さらには，食料政策として，人々に食料が平等に行き渡っているか（公正），食料の質や多様性は十分に確保できているかという点に着目してフードシステムを見直そうという動きが広がっている。そこでは，地域経済，社会，文化への影響と貢献も重視されている。例えば，EUでは，公正，健康，環境親和性から，フードシステムを見直す「農場から食卓へ」戦略が提示されている（EC 2020）[15]。また，世界では，人口の集中する都市の拡張によってこれらの問題が膨らんできたことから，都市圏や都市を含む地域圏のフードシステムの再構築を中心にした都市食料政策への取り組みが強化されている。第1章第4節で地域圏フードシステムの構築を論じたが，世界ではFAOの提言，ミラノ協定，それをキャッチアップしたEUの動きがあり，これについてはコラムで取り上げたい。日本ではこれらの取り組みが遅れており，今後の重要な課題である。

《キーワード》 欧州連合（EU），アメリカ，所得保障政策，公正取引，交渉力，食品安全対策，食料政策

14）違法漁獲物の流通を防ぐためであるが，「水産流通適正化法」により，違法漁獲の可能性の高い漁種に，取扱事業者間における情報の伝達や取引記録の作成・保存などが義務づけられた。

15）EUの「農場から食卓へ」戦略について詳しくは，平澤（2021）を参照されたい。

学習課題

1．フードシステムの持続的な発展のためにはどのようなことが必要になるだろうか。第１章の問題提起を読み直し，各段階（農業，食料品製造業，食料品卸売業，食料品小売業，外食産業，消費者）の問題や課題，全体に関わる問題や課題（価格と品質の調整，食品安全，食品廃棄，食生活，国際貿易など）を整理し考えてみよう。

2．フードシステムにおける産業間の交渉力のバランスや公正な取引を確保するための欧州委員会，フランス，ドイツ，イギリスの取り組み事例をもとに，日本においてどのような取り組みが必要となるか考えてみよう（第５，６，８章の内容も参考にすること）。

参考・引用文献

・安達英彦・鈴木宣弘（2020）『日本農業過保護論の虚構』筑波書房*

・Commission of the European Communities（2009）A better Functioning Food Supply Chain In Europe, Com 591 final.

・European Commission（2019）European cities leading in urban food systems transformation: connecting Milan & FOOD 2030.

・European Commission（2020）Communication from the Commission to the European Parliament, the Council, the European Economic and Social Committee and the Committee of the Regions, A Farm to Fork Strategy for a fair, healthy and environmentally-friendly food system, COM（2020）381 final.

・FAO（2009）FAO Food for the Cities multi-disciplinary initiative position paper.

・Groceries Code Adjudicator（2016）*Investigation into Tesco plc*, 26 January 2016.

・服部信司（2020）『アメリカ2018年農業法―所得保障の引き上げ・強まる農場保護の動き―』農林統計協会

・平澤明彦（2019）「EU 共通農業政策（CAP）の新段階」村田武編『新自由主義的

グローバリズムと家族農業経営』筑波書房*
・平澤明彦（2021）「欧州グリーンディールと「１つのCAP」―CAP改革の展開と時期改革の方向」『農業と経済』第87巻第３号，6-16頁
・成田喜一（2017）「アメリカの穀物生産と農業政策」小池恒夫・新山陽子・秋津元輝編『新版キーワードで読みとく現代農業と食料・環境』昭和堂
・新山陽子（2011）「フードシステム関係者の共存と市場におけるパワーバランス」『農業と経済』第77巻第１号，75-88頁
・新山陽子・高鳥毛敏雄・関根佳恵・河村律子・清原昭子（2014）「フランス，オランダの農業・食品分野の専門職業組織―設立根拠法と組織の役割，職員の専門性」『フードシステム研究』第20巻第４号，386-403頁*
・新山陽子，大住あづさ・上田遥（2021）「フランスにおける地域圏食料プロジェクトと地域圏フードシステム―トゥルーズ・メトロポルの事例を踏まえて―」『フードシステム研究』第28巻１号，29-45頁*
・農林水産省（2020）『令和２年度経営所得安定対策等の概要』
・鈴木宣弘・木下順子（2017）「主要先進国中最低の自給率」小池恒夫・新山陽子・秋津元輝編『新版キーワードで読みとく現代農業と食料・環境』昭和堂
・USDA（2019）America's Diverse Family Farms, 2019 Edition, USDA.
・USDA（2018）2018 Farm Bill & Legislative Principles, USDA.

◎さらに深く学習したい人には，＊の図書をお薦めします。

〈コラム〉

進む都市圏の食料政策への取り組み，フードシステム視点の導入

国際的に，食料政策分野で急速に「フードシステム」の視点が重視されるようになってきた。しかもそれは，地域的な圏域でフードシステムを見直し，再構築する動きである。なかでも，人口と食料需要の多くが集中する都市圏に着目され，その食料の地方への依存と地方との関係，都市圏のなかの食料供給における社会的不公正（経済格差による飢餓や栄養失調），環境悪化，非持続的な生産と消費行動の評価，その改善がめざされている。FAOのポジション

ペーパー（FAO 2009）や，ミラノ都市食料政策協定（Milan Urban Food Policy Pact, 15 October 2015）はその象徴である。

これらのなかで，フードシステムの再構築によって，地域圏内のすべての人々に安全で，良質で，多様な十分な量の食料を供給すること，公正な供給とアクセス，持続的な生産・経済活動と消費，地域の経済・社会・文化・教育へ寄与することが目標にされている。

考慮されていることは，家族経営農家，小規模食料生産者が，復元力，多様性，文化的なフードシステムの維持，都市や近隣地域への食料供給力をもつ存在として尊重されること，また，都市や近隣地域農業の振興と短い経路の食料供給の重視である。さらに，あまり明示はされていないが，どのような地域でも食料のすべてを域内自給することはできないので，都市～農業地帯間の全国的な，また，国際的な流れのフードシステムとの重層性への考慮とそのあり方も問われる。再構築は決して日本でいう地産地消ではない。

取り組みの手法として，共通するのは，①食料供給の公共性の観点から地方自治体が主導すること，②地域圏内のフードシステムのすべての関係者による自発的な議論と行動を基礎とすること，さらに，③関係者の手によって，現状を診断し評価することからはじめ，何をどのように変えるか目標を設定し，行動計画を作成し，行動に取り組むことである。FAOは44の評価指標を提示している（EC 2019）。

ここにいう地域圏とは，人々がまとまりを意識できる範囲であり，人々がまとまれる範囲をどうとらえるかに依存する。まとまりを意識できる圏域で行動するとき，問題を自らのこととして理解し，解決への関与行動をとることができるからである。ただし，フードシステムを考えるには町村や小さな市では小さ過ぎるといわれている。この圏域は，災害時の緊急事態対応の単位としても有効である。

このような取り組みをテコとする食料政策，食料計画の立案が求められている。フランスでは，2014年「農業・食料・森林未来法」において，地域圏フードシステムの形成をめざす地域圏食料プロジェクトへの自発的な取り組みが提示され，各地で取り組まれている（新山他 2021）。

索引

●配列は五十音順。

●あ　行

●か　行

●さ　行

●た　行

●な　行

●は　行

●ま　行

●や　行

●ら　行

●わ 行

●アルファベット

分担執筆者紹介

（執筆の章順）

関根　佳恵（せきね・かえ）

・執筆章→2・8・14・15

1980年　神奈川県に生まれる
2003年　高知大学農学部暖地農学科卒業
2011年　京都大学大学院経済学研究科博士課程修了・博士（経済学）
2011年　立教大学経済学部助教
2014年　愛知学院大学経済学部講師
2016年　同上准教授
2018年　国連食糧農業機関（FAO）客員研究員
現在　愛知学院大学経済学部経済学研究科准教授
専攻　農業経済学，農村社会学，政治経済学
主な著書　『アグリビジネスと現代社会』（共編著・筑波書房）
『13歳からの食と農』（かもがわ出版）

清原　昭子（きよはら・あきこ）

・執筆章→5・6・7・8

1970年　広島県に生まれる
1992年　岡山大学農学部総合農業科学科卒業
2002年　京都大学大学院農学研究科博士課程修了・博士（農学）
2002年　中国学園大学現代生活学部講師
2010年　同上准教授
2016年　福山市立大学都市経営学部准教授
現在　福山市立大学都市経営学部教授
専攻　農業経済学，地域経済学
主な著書　『アグリビジネスと日本農業』（共著・(財)放送大学教育振興会）
『新版　キーワードで読みとく現代農業と食料・環境』（共著・昭和堂）

鬼頭　弥生（きとう・やよい）

・執筆章→ 9・11

1983年　愛知県に生まれる
2005年　京都大学総合人間学部国際文化学科文化人類学専攻卒業
2011年　京都大学大学院農学研究科博士課程修了・博士（農学）
2011年　京都大学大学院農学研究科寄附講座「食と農の安全・倫理論」特定助教
2017年　同志社大学商学部助教
現在　京都大学大学院農学研究科講師
専攻　農業経済学，消費者行動論，食品リスク認知研究
主な論文　「地域ブランドの品質規定における正当化の論理―賀茂なすの伝統産地と新興産地を事例として―」『農林業問題研究』第44巻第2号，2008年
「食品由来のリスクに対する態度の構造―消費者と基礎化学／医学研究者の比較分析より―」『日本リスク研究学会誌』第19巻第4号，2009年

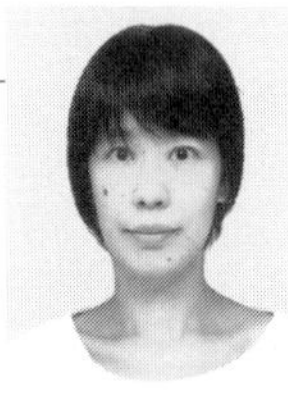

工藤　春代（くどう・はるよ）

・執筆章→ 12・13・15

1976年　大阪府に生まれる
1999年　京都大学農学部生産環境科学科卒業
2005年　京都大学大学院農学研究科博士課程修了・博士（農学）
2007年　京都大学大学院農学研究科寄附講座「食と農の安全・倫理論」特定助教
2010年　同上特定准教授
現在　大阪樟蔭女子大学学芸学部准教授
専攻　農業経済学，食品リスク管理
主な著書　『消費者政策の形成と評価―ドイツの食品分野―』（日本経済評論社）

編著者紹介

新山　陽子（にいやま・ようこ）

・執筆章→1・2・3・4・10・15

1952年　広島県に生まれる。
1980年　京都大学大学院農学研究科博士課程修了・博士（農学）
1984年　京都大学農学部助手，その後講師，助教授
2002年　京都大学大学院農学研究科教授
現在　立命館大学食マネジメント学部教授，京都大学名誉教授
専攻　農業経済学，フードシステム論，食品安全学
主な著書　『畜産の企業形態と経営管理』（日本経済評論社）
『牛肉のフードシステム—欧米と日本の比較分析—』（日本経済評論社）
『食料安全システムの実践理論』（編著・昭和堂）
『解説　食品トレーサビリティ』（編著・昭和堂）
フードシステムの未来へシリーズ『フードシステムの構造と調整』『農業経営の存続，食品の安全』『消費者の判断と選択行動』（編著・昭和堂）

放送大学教材　1539469-1-2211（ラジオ）

改訂版　フードシステムと日本農業

発　行　　2022年3月20日　第1刷
編著者　　新山陽子
発行所　　一般財団法人　放送大学教育振興会
〒105-0001　東京都港区虎ノ門1-14-1　郵政福祉琴平ビル
電話　03（3502）2750

市販用は放送大学教材と同じ内容です。定価はカバーに表示してあります。
落丁本・乱丁本はお取り替えいたします。

Printed in Japan　ISBN978-4-595-32345-4　C1361